ISSN 0021-1915

17. JAHRGANG · SEITEN 137—184 · BERLIN APRIL 1981

IPRAX 17 17 (4) 137—184 (1981) 32036

4

isotopenpraxis

EVP 9,— M

AKADEMIE-VERLAG

ISOTOPENPRAXIS

herausgegeben von J. Mühlenpfordt, Berlin · C. F. Weiss, Leipzig

unter Mitwirkung von M. F. Abdel-Wahab, Khartum · E. Broda, Wien · O. Charamza, Olomouc · Z. Dienstbier, Praha · L. Herforth, Dresden · V. K. Iya, Bombay · W. Kodjukow, Moskau · M. Melnikowa, Leningrad · V. Mercea, Cluj · R. Münze, Rossendorf · S. Muždeka, Beograd · M. Radwan, Swierk · A. I. Schatenstein, Moskau · H. R. Schütte, Halle · K. Schwabe, Rossendorf · P. Têtényi, Budapest · K. Unger, Quedlinburg · S. Varga, Bratislava · G. Vormum, Berlin

REDAKTIONSAUSSCHUSS: H.-J. Altenbrunn, Berlin · E. Becker, Magdeburg · W. Dietzsch, Dresden · J. Holzhey, Freiberg · H. Hübner, Leipzig · K. Irmer, Dresden · P. Krumbiegel. Leipzig · S. Niese, Rossendorf · R. Otto, Leipzig · U. Prösch, Berlin · G. Reinhard, Dresden · H. Rothe, Berlin · H. Scheel, Berlin · K. Uhlig, Berlin (Chefredakteur) K. Wagner, Berlin · L. Wuckel, Dresden

REDAKTIONSSEKRETÄR: H. Neumann, Berlin

An unsere Autoren

Die Zeitschrift veröffentlicht Beiträge zu folgenden Themen: Kontrolle und Analyse radioaktiver und stabiler Isotope, Anwendung radioaktiver und stabiler Isotope in allen Gebieten der Forschung und Technik der Industrie, Landwirtschaft und Medizin, Herstellung radioaktiver und stabiler Isotope sowie von markierten Verbindungen, kernelektronische Geräte für die Isotopenanwendung (Dickenmesser, Dichtemesser u. ä.) Detektoren für isotopentechnische Arbeiten und den Strahlenschutz in Isotopenlaboratorien, Meßtechnik und Strahlenschutz, Dosimetrie in Isotopenlaboratorien, kerntechnische Geräte für die Isotopenanwendung (Beton, Bestrahlungsanlagen u. ä.), Strahlenchemie, Radiochemie, ökonomische und perspektivische Fragen, Fragen der Weiterbildung.

1. Aufnahme von Manuskripten

Zur Veröffentlichung angenommen werden nur durckreife, noch nicht anderweitig publizierte Beiträge in deutscher, englischer oder russischer Sprache zum Themenbereich der Zeitschrift und zwar

Originalarbeiten
Kurze Originalmitteilungen
Aus der Praxis
Zusammenfassende Berichte
Tagungsberichte
Informationen.

Sind der Beitrag oder Teile daraus bereits veröffentlicht oder ist eine anderweitige Veröffentlichung vorgesehen, so muß dies der Redaktion mit genauer Angabe der Zweitveröffentlichung mitgeteilt werden. Mit der Annahme des Manuskriptes behält sich der Verlag das Recht der Vervielfältigung, Verbreitung und Übersetzung innerhalb der gesetzlichen Schutzfrist vor. Auszugsweiser Nachdruck oder photomechanische u. a. Wiedergabe sind an eine schriftliche Genehmigung des Verlages gebunden. Manuskripte, Zeichnungen und Photos von veröffentlichten Arbeiten werden nur auf den besonderen und bis zum Zeitpunkt der Veröffentlichung mitgeteilten Wunsch des Autors zurückgesandt.
Bei der unverlangten Einreichung von Manuskripten wird empfohlen, eine Befürwortung eines der Herausgeber oder Redaktionsausschußmitglieder beizufügen.
Manuskripte sind einzureichen bei der Redaktion, DDR-1080 Berlin, Leipziger Str. 3—4.

2. Form der Manuskripte

Die Autoren werden gebeten:
2 Manuskripte, eines davon in Original-Maschinenschrift, einseitig und mit 2zeiligem Abstand einzureichen; gut leserliche Photokopien sind zulässig; auf dem 1. Blatt (unter Weglassung der Bezeichnung)
den Titel der Arbeit
Vorname-Initialen und Namen sämtlicher Autoren
gegebenenfalls die Institution, in der sie tätig sind
eine kurze Zusammenfassung der Arbeit von höchstens 15 Zeilen
Keywords in alphabetischer Reihenfolge und
als Fußnote die Anschrift der Institution anzugeben;
wenn möglich auf gesonderten Blättern Namen, Titel der Arbeit und Zusammenfassung in den beiden anderen obengenannten Sprachen 2fach beizufügen;
Literaturhinweise (fortlaufend numeriert), Fußnoten, Tabellen, Abbildungen (in etwa 2facher Veröffentlichungsgröße), Abbildungsunterschriften (getrennt von den Abbildungen, mit Zeichenerklärungen, Quellenangaben, falls erforderlich, und gegebenenfalls mit einem Vermerk für besondere Wünsche bezüglich der Abbildungsgröße), private und Dienstanschrift der Verfasser mit akademischen Titeln und ausgeschriebenen Vornamen auf besonderen Blättern ans Ende des Manuskriptes zu stellen;
Wünsche für den Kolumnentitel (Seitenüberschrift) bekanntzugeben;
Absätze durch Einzüge von mindestens 3 Anschlägen kenntlich zu machen;
die Maßeinheiten des SI-Systems ("Systéme International") zu verwenden;
Korrekturen im Manuskript unmittelbar an der zu korrigierenden Stelle anzubringen;
Formeln deutlich lesbar und möglichst groß einzutragen;
Farbabbildungen und nachträgliche Änderungen oder Ergänzungen in Abbildungen zu vermeiden;
hervorzuhebende Textellen zu unterstreichen, und zwar halbfetten Satz mit einer geraden schwarzen Linie, kursiven Satz (Schrägschrift) mit einer blauen Wellenlinie (alle Eigennamen). Sperrungen gestrichelt;
besondere Buchstaben durch farbige Unterstreichung zu kennzeichnen, und zwar Formelzeichen in

Griechisch-Kursiv ($\alpha, \beta, \ldots$) rot,
Kursiv ($A, B, \ldots$) blau
halbfetter Kursiv ($\boldsymbol{A}, \boldsymbol{B}, \ldots$) 2 Linien blau (Vektoren),
halbfetter Grotesk ($\mathbf{A}, \mathbf{B}, \ldots$) 2 Linien violett (Tensoren);

bei Literaturangaben auf Vollständigkeit zu achten. In nachstehender Reihenfolge müssen angegeben sein:

a) bei *Zeitschriften*: Vorname-Initialen und Namen sämtlicher Autoren Titel der Zeitschrift (nach „Periodica Chimica" oder möglichst wenig gekürzt), Bandnummer (unterstrichen), Jahreszahl (in Klammern), Heftnummer (nur bei Zeitschriften, die jedes Heft mit S. 1 beginnen) sowie die Seitenzahl, auf der die zitierte Arbeit beginnt.

b) bei *Büchern*: Initialen der Vornamen und Name des Autors (Herausgeber werden durch den Zusatz „ed." gekennzeichnet), voll ausgeschriebener Titel des Buches in der Originalsprache, evtl. Bandnummer, voll ausgeschriebener Name des Verlages, Nummer der Auflage (außer der ersten), Erscheinungsort(e), Erscheinungsjahr (hier nicht in Klammern setzen!) und evtl. Kapitelnummer, Seitenzahl u. ä.

c) bei *Sammelbänden, Tagungsberichten*: Es soll zusätzlich der Titel des zitierten Beitrags angegeben werden. Die Seitenzahl muß unbedingt angegeben werden. Aus dem Zitat muß hervorgehen, ob es sich um einen Tagungssammelband oder um einen noch nicht veröffentlichten Vortrag handelt. Zwischen Tagungsort und Erscheinungsort des entsprechenden Tagungsberichts ist zu unterscheiden.

3. Korrekturen

Der Autor erhält zwei Umbruchabzüge, von denen einer möglichst schnell korrigiert an die Redaktion zurückgereicht werden soll. Auf Wunsch des Autors kann die Korrektur auch von der Redaktion geelesen werden.

Durch nachträgliche Manuskriptänderungen verursachte Korrekturkosten gehen, sofern sie 10% der Satzkosten übersteigen zu Lasten des Autors.

Der Autor erhält 50 Sonderdrucke kostenlos. Weitere Sonderdrucke können bis zur Rückgabe der Korrekturabzüge auf Kosten des Autors bei der Redaktion bestellt werden.

Bezugsmöglichkeiten

Bestellungen sind zu richten

— **in der DDR** an den Postzeitungsvertrieb; an eine Buchhandlung oder an den AKADEMIE-VERLAG, DDR-1080 Berlin, Leipziger Straße 3—4
— **im sozialistischen Ausland** an eine Buchhandlung für fremdsprachige Literatur oder an den zuständigen Postzeitungsvertrieb
— **in der BRD und Berlin(West)** an eine Buchhandlung oder an die Auslieferungsstelle KUNST UND WISSEN, Erich Bieber, OHG, D-7000 Stuttgart 1, Wilhelmstraße 4—6
— **in Österreich** an den Globus-Buchvertrieb, A-1201 Wien, Höchstädtplatz 3
— **in den übrigen westeuropäischen Ländern** an eine Buchhandlung oder an die Auslieferungsstelle KUNST UND WISSEN, Erich Bieber GmbH, CH-8008 Zürich/Schweiz, Dufourstraße 51
— **im übrigen Ausland** an den Internationalen Buch- und Zeitschriftenhandel; den Buchexport, Volkseigener Außenhandelsbetrieb der Deutschen Demokratischen Republik, DDR-7010 Leipzig, Postfach 160; oder an den AKADEMIE-VERLAG, DDR-1080 Berlin, Leipziger Straße 3—4

Zeitschrift „Isotopenpraxis"

Herausgeber: Im Auftrag des Akademie-Verlages herausgegeben von Prof. Dr. Justus Mühlenpfordt und Prof. Dr. Carl Friedrich Weiss
Verlag: Akademie-Verlag, DDR-1080 Berlin, Leipziger Straße 3—4; Fernruf: 2236221 oder 2236229.; Telex-Nr. 114420;
Bank: Staatsbank der DDR, Berlin, Kto.-Nr.: 6836-26-20712
Chefredakteur: Dr. Klaus Uhlig, Berlin
Anschrift der Redaktion (Fernruf: 6351177) der Zeitschrift Isotopenpraxis: Akademie-Verlag, DDR-1080 Berlin, Leipziger Str. 3—4
Veröffentlicht unter der Lizenznummer 1527 des Presseamtes beim Vorsitzenden des Ministerrates der Deutschen Demokratischen Republik
Gesamtherstellung: VEB Druckerei „Thomas Müntzer", DDR-5820 Bad Langensalza
Erscheinungsweise: Die Zeitschrift „Isotopenpraxis" erscheint monatlich. Die 12 Hefte eines Jahrganges bilden einen Band. Bezugspreis je Band 180,— M zuzüglich Versandspesen Preis für die DDR 108,— M) Preis je Heft 15,— (Preis für die DDR 9,— M)
Bestellnummer dieses Heftes: 1079/17/4 P 344/80

AN (EDV) 12831

ISOTOPENPRAXIS ISSN 0021-1915

Band 17 (1981) Heft 4, S. 137—184

Redaktion und Verlag: Akademie-Verlag, Redaktion Isotopenpraxis, 1080 Berlin, Leipziger Straße 3—4

Inhaltsverzeichnis

K. Wetzel, A. Runge

Über die Isotopenzusammensetzung der Elemente Wasserstoff, Sauerstoff, Kohlenstoff, Stickstoff und Schwefel im menschlichen Organismus

Isotopenpraxis **17** (1981) H. 4, S. 137 bis 139
— Abb., 5 Tab., 11 Lit.

Experimentelle Untersuchungen über die Isotopenzusammensetzung der Elemente Wasserstoff, Sauerstoff, Kohlenstoff, Stickstoff und Schwefel im menschlichen Harn von mehreren Personen an verschiedenen Standorten zeigen beträchtliche Schwankungen. Nur bei Wasserstoff und Sauerstoff ergibt sich ein eindeutiger Zusammenhang mit der Isotopenzusammensetzung des Trinkwassers am jeweiligen Standort. Da die Schwankungen weit außerhalb der Fehlergrenzen der Experimente liegen, sind sie bestimmend für die Wahl der relativen Häufigkeit des markierenden Isotops bei Markierungsexperimenten über den menschlichen Stoffwechsel.

H. Hübner

Wird der Ozonschild der Erde durch den zunehmenden Stickstoff-Düngemittelverbrauch zerstört? — Ein Beitrag der Isotopenforschung

Isotopenpraxis **17** (1981) H. 4, S. 140 bis 150
7 Abb., 8 Tab., 45 Lit.

Die Zunahme der Weltbevölkerung ist von einer gleichlaufenden Zunahme des Stickstoff-Düngemitteleinsatzes begleitet, da eine extensive Erweiterung der landwirtschaftlichen Nutzflächen mit dem Bevölkerungswachstum bei weitem nicht Schritt halten kann. In der Bodenzone finden ständig Stoffumwandlungen statt, die von Isotopenvariationen begleitet sind. Es wird am Beispiel der $\delta^{15}N$-NO_3-Variationen gezeigt, daß sich die Werte in der aeroben Zone zunächst nach negativeren Werten hin verschieben, um sich beim Übergang in die anaerobe Zone wieder ständig nach positiveren Werten hin zu verändern. Der bei der Denitrifikation wirkende Isotopieeffekt ist für die Veränderung nach positiveren Werten verantwortlich und erlaubt einen Zugang zur Bestimmung des Denitrifikationsgrades. Der steigende Düngemittelverbrauch ist von einigen Umweltbelastungen begleitet: Das NO_3-Problem im Grundwasser und das sich bei der Denitrifikation bildende N_2O sind solche Folgeerscheinungen. Befürchtungen, daß die Zunahme an H_2O in der Stratosphäre den Ozonschild der Erde teilweise zerstören könnte, und der gegenwärtige Wissensstand über den globalen N-Kreislauf werden diskutiert. Die natürlichen Schwankungen des stratosphärischen Ozongehaltes überwiegen bei weitem die aus möglichen NO_x-katalysierten Ozonabbaureaktionen hervorgerufenen Veränderungen.

H. Gerstenberger, G. Meier

Die Stellung der Emissionsspektrometrie unter den nichtmassenspektrometrischen Methoden der Isotopenanalyse

Isotopenpraxis **17** (1981) H. 4, S. 150 bis 155
5 Abb., 2 Tab., 30 Lit.

Neben der Massenspektrometrie wird zur Isotopenanalyse eine Reihe auf anderen physikalischen Prinzipien beruhender Methoden benutzt. Dabei spielen heute die auf der Änderung kolligativer Eigenschaften eines isotopen Systems basierenden Methoden praktisch keine Rolle mehr. Die Aktivierungsanalyse und die NMR-Spektrometrie als Methoden, bei denen das erhältliche Meßsignal unmittelbar auf den von Isotop zu Isotop qualitativ veränderten Kerneigenschaften beruht, sind die einzigen, bei denen der Bindungszustand ohne Einfluß bleibt.
Da mit nichtmassenspektrometrischen Methoden die hohe Präzision der Meßergebnisse mit Massenspektrometern meist nicht erreicht wird, werden sie vor allem zur Auswertung von Experimenten mit stabilisotopen Tracern eingesetzt. Die größte Verbreitung hat die emissionsspektrometrische ^{15}N-Analyse in der biowissenschaftlichen Forschung gefunden. Dazu sind im Zentralinstitut für Isotopen- und Strahlenforschung, Leipzig, die Geräte der NOI-Serie sowie der Automat Isonitromat 5200/5201 entwickelt worden.

Originalarbeiten

I. Maaß, G. Weise

Untersuchungen zur regionalen Ausbreitung von Schadstoffen mit Hilfe technogener Isotopenvariationen

Isotopenpraxis **17** (1981) H. 4, S. 156 bis 159
3 Abb., 1 Tab., 5 Lit.

Bei der Salpetersäureherstellung durch Verbrennung von Ammoniak und anschließende Absorption der nitrosen Gase treten in den einzelnen Stufen des Produktionsprozesses Isotopieeffekte am Stickstoff auf, die insbesondere in den nichtabsorbierten Restgasen zu einer erheblichen Verarmung an ^{15}N führen. Die auf ihren ^{15}N-Gehalt hin untersuchten Pflanzen aus der Umgebung einer Salpetersäureanlage waren jedoch nicht als Indikator für emittierte Stickoxide geeignet. Die im Regen enthaltenen geringen emittierten Stickoxidmengen reichten nicht aus, um signifikante Abweichungen im ^{15}N-Gehalt der eingesetzten Pflanzen hervorzurufen. Isotopenmessungen am Nitratstickstoff des Regenwassers haben ergeben, daß der ermittelte Washout-Effekt mit den bekannten Abschätzformeln in Einklang steht und daß die größte Menge an Nitrat im Regenwasser nicht aus den Salpetersäureanlagen, sondern aus anderen Quellen stammt.

H. Schütze, M. Mohnke

Untersuchungen zur Diffusion isotopischer Methanspezies

Isotopenpraxis **17** (1981) H. 4, S. 159 bis 163
5 Abb., 3 Tab., 9 Lit.

Diffusionsprozesse spielen in der Natur eine sehr große Rolle. Sie sind begleitet von der Migration und Akkumulation von Erdgas. Gasbewegungen in vertikaler Richtung rufen Isotopentrennung bei der sekundären Migration hervor. Zur Berechnung der Isotopentrennung benötigt man die Werte des Isotopieeffekts in Abhängigkeit von Temperatur und Druck. Wir haben die Diffusionseffekte im System $CH_4/CD_4/^{13}CH_4 \rightarrow N_2$ mit Hilfe von Kapillarsäulen untersucht.

P. Harting

Der thermodynamische Kohlenstoffisotopieeffekt im System CH_4-H_2O. III.

Isotopenpraxis **17** (1981) H. 4, S. 164 bis 167
5 Abb., 1 Tab., 14 Lit.

In Fortsetzung der Arbeiten [1] und [2] wird über den Einfluß gelöster Salze auf den Löslichkeitsisotopieeffekt von Methan in Wasser hinsichtlich des Kohlenstoffs berichtet. Die Untersuchungen wurden unter solchen Druck- und Temperaturbedingungen sowie Salzkonzentrationen vorgenommen, die dem sedimentären Bereich der Erdkruste entsprechen. Dabei zeigte sich trotz der bekannten starken Abhängigkeit der Löslichkeit von Gasen vom Salzgehalt einer wäßrigen Lösung kein signifikanter Einfluß auf die entsprechenden Isotopieeffekte.

G. Hübner

Einfluß von schwerem Wasser auf isolierte Rattenlebermitochondrien

Isotopenpraxis **17** (1981) H. 4, S. 167 bis 170
3 Abb., 2 Tab., 15 Lit.

Die Rate des O_2-Verbrauchs von isolierter Rattenleber-Mitochondrie wurde polarographisch mit Hilfe einer *Clark*-Elektrode bei 25 °C in einem aktiven (Zustand 3) streng gekoppelten und im entkoppelten Zustand der Mitochondrie in Medien, die $H_2{}^{16}O$, $D_2{}^{16}O$ (93 at-% D) oder $H_2{}^{18}O$ (68 at-% ^{18}O) enthielten, bestimmt. Die Ergebnisse bestätigen den Wert des D_2O-Isotopieeffekts in Form einer Inhibition des O_2-Verbrauchs. In $H_2{}^{18}O$ ist im Zustand der kontrollierten Respiration (Zustand 4) kein Isotopieeffekt festzustellen. Dagegen ist im aktiven Zustand nach ADP-Zugabe (Zustand 3) und im entkoppelten Zustand nach DNP-Zuführung ein starker inverser Isotopieeffekt festzustellen. Dieser inverse Isotopieeffekt tritt bei Reaktionen, die ein vorheriges Gleichge-

(*Fortsetzung des Inhaltsverzeichnisses auf der 3. Umschlagseite*)

ISOTOPENPRAXIS

Band 17 (1981) Heft 4, S. 137–184

Redaktion und Verlag: Akademie-Verlag, Redaktion Isotopenpraxis, 1080 Berlin, Leipziger Straße 3–4

Contents

K. Wetzel, A. Runge

On the Isotope Composition of Hydrogen, Oxygen, Carbon, Nitrogen, and Sulphur in Human Organism

Isotopenpraxis **17** (1981) No. 4, p. 137 to 139
– Fig., 5 Tab., 11 Ref.

Experimental investigations on the isotope composition of hydrogen, oxygen, carbon, nitrogen and sulfur in urine of several men at different locations show considerable variations. A clear relation to the isotope composition of the local drinking water is only observed in the case of hydrogen. The variations are far from being within the experimental limits of error. Therefore these variations are determining for selecting the relative abundance of the labelling isotope in tracer experiments on human metabolism.

H. Huebner

Will the Ozon Shield of the Earth be Destroyed by Increasing Use of Nitrogen Fertilizer? A Contribution of Isotopic Research

Isotopenpraxis **17** (1981) No. 4, p. 140 to 150
7 Fig., 8 Tab., 45 Ref.

The increase of the world's population is accompanied with a parallel increase of the application of nitrogen fertilizers since a more extensive expansion of land use cannot keep up with the currently increasing population. In soils take place continuous transformations of matter accompanied with isotopic variations. As an example it is shown that $\delta^{15}N - NO_3$ variations in the aerobic zone are firstly shifted to more negative values and after leaving this zone are shifted anew to more positive values in the anaerobic zone. Accountable for the latter changing of $\delta^{15}N - NO_3$-values is the isotope effect of denitrification and in this way it is possible to evaluate the degree of denitrifiaction. The increasing fertilizer use is accompanied with some environmental problems: the NO_3-problem of groundwaters and the N_2O-problem originating from denitrification processes are such environmental loadings. Apprehensions that an increasing N_2O in the stratosphere could reduce the ozon concentrations are viewed and the present positions in our knowledge with respect to the global N-cycle are discussed. Natural variations in the stratospheric ozone content are much higher than those which are produced by the possible NO_x catalytic reduction reactions of ozone.

H. Gerstenberger, G. Meier

The Position of Emission Spectrometry Among Non-Mass-Spectrometric Methods of Isotopic Analysis

Isotopenpraxis **17** (1981) No. 4, p. 150 to 155
5 Fig., 2 Tab., 30 Ref.

Apart from mass spectrometry, a series of methods based on other physical principles are being applied for isotopic analysis. To-day, the methods based on the modifications of colligative properties of an isotopic system have lost their practical importance. The activation analysis and spectrometry as methods implying the yielded measuring signal being directly based on qualitatively modified properties of nuclei of various isotopes are the only methods with which the binding state has no impact.
As non-mass-spectrometric methods in most cases do not provide the high accuracy of measuring values achieved with mass-spectrometers, they are preferably used for the evaluation of experiments with stable isotopes as tracers. The emission-spectrometric ^{15}N analysis is most widely used in biological research. For this purpose, the Central Institute of Isotope and Radiation Research, of Leipzig, has created the NOI-series instruments and the automatic Isonitromat 5200/5201.

Содержание

К. Ветцель, А. Рунге

О доле изотопов элементов водород, кислород, углерод, азот и сера в человеческом организме

Isotopenpraxis **17** (1981) вып. 4, стр. 137 до 139
– рис., 5 табл., 11 лит.

Экспериментальные исследования распределения изотопов водорода, углерода, азота и серы в моче человека некоторых лиц на различных местах показали заметные колебания.
Только водород показал однозначную зависимость распределения изотопов питьевой воды от местоположения. Так как колебания вне границ ошибок опытов, они назначают выбор относительной частоты маркированного изотопа при опытах с помощью меченых соединений в обмене веществ человека.

Х. Хюбнер

Разрушает ли возрастающее применение азотного одобрения защитный озонный слой земного шара? Вклад изотопных исследований

Isotopenpraxis **17** (1981) вып. 4, стр. 140 до 150
7 рис., 8 табл., 45 лит.

Рост численности населения земли сопровождается аналогичным ростом применения азотного одобрения. Это связано с тем, что экстенсивное расширение сельскохозяйственной площади значительно отступает от роста численности населения. В почве постоянно имеют место процессы преобразования веществ, которые сопровождаются вариациями изотопов. На примере вариаций $\delta^{15}N - NO_3$ показывается, что сначала величины аэробной зоны двигаются по направлению к более негативным значениям в то время, когда при переходе к анаэробной зоне они постоянно двигаются к более позитивным значениям. Действующий в связи с денитрификацией изотопический эффект является причиной изменения к более позитивным значениям и позволяет определить степень денитрификации. Возрастающее потребление одобрения сопровождается некоторым загрязнением окружающей среды: проблема наличия NO_3 в грунтовых водах и образование N_2O в связи с денитрификацией являются такими последствиями. Рассматриваются опасения о том, что рост содержания N_2O в стратосфере может частично разрушить защитный озонный слой земного шара. Обсуждается имеющееся в настоящее время знание о глобальной системе циркуляции азота. Естественные колебания содержания озона в стратосфере намного превышают изменения, которые могут быть вызваны реакциями разложения озона, вызванными NO_x в качестве катализатора.

Х. Герстенбергер, Г. Мейер

Позиция эмиссионной спектрометрии среди немасс-спектрометрических методов изотопного анализа

Isotopenpraxis **17** (1981) вып. 4, стр. 150 до 155
5 рис., 2 табл., 30 лит.

Помимо масс-спектрометрии ряд методов, основывающихся на других физических принципах, применяются для изотопного анализа. Сегодня, методы, основанные на изменении коллигативных свойств изотопной системы, практически больше не играют никакой роли. Единственными, у которых состояние связи не оказывает никакого влияния, являются активационный анализ и ЯМР-спектрометрия, в связи с которыми получаемый измерительный сигнал основывается непосредственно на качественно меняющихся с изотопа к изотопу свойствах ядер.
В виду того, что немасс-спектрометрические методы в большинстве случаев не обеспечивают ту высокую точность результатов измерения как масс-спектрометры, они прежде всего используются для обработки результатов экспериментов с стабильными изотопами в качестве индикаторов. Самое большое распространение эмиссионноспектрометрический анализ ^{15}N в биологических исследованиях. Для этого, в Центральном Институте Изотопных и Радиационных Исследований в г. Лейпциге были разработаны приборы серии НОИ, а также автоматическая система Изонитромат 5200/5201.

Über die Isotopenzusammensetzung der Elemente Wasserstoff, Sauerstoff, Kohlenstoff, Stickstoff und Schwefel im menschlichen Organismus

K. Wetzel, A. Runge

(Zentralinstitut für Isotopen- und Strahlenforschung)[1]

Herrn Prof. Dr.-Ing. *Justus Mühlenpfordt* zu Ehren seines 70. Geburtstages gewidmet

Experimentelle Untersuchungen über die Isotopenzusammensetzung der Elemente Wasserstoff, Sauerstoff, Kohlenstoff, Stickstoff und Schwefel im menschlichen Harn von mehreren Personen an verschiedenen Standorten zeigen beträchtliche Schwankungen. Nur bei Wasserstoff und Sauerstoff ergibt sich ein eindeutiger Zusammenhang mit der Isotopenzusammensetzung des Trinkwassers am jeweiligen Standort. Da die Schwankungen weit außerhalb der Fehlergrenzen der Experimente liegen, sind sie bestimmend für die Wahl der relativen Häufigkeit des markierenden Isotops bei Markierungsexperimenten über den menschlichen Stoffwechsel.

Keywords

isotope ratio; light elements; man; metabolism; stable isotopes; tracer techniques

Die Kenntnis der Variationsbreite der Isotopenzusammensetzung leichter Elemente im menschlichen Organismus ist Voraussetzung für die Planung von Markierungsexperimenten am Menschen. Ist es doch erforderlich, das markierende Isotop mit einer solchen relativen Häufigkeit und in einer solchen Menge einzusetzen, daß seine relative Häufigkeit nach Isotopenverdünnung im Organismus oberhalb der natürlichen Variationsbreite liegt. Es erscheint auch möglich, aus Messungen der natürlichen Isotopenzusammensetzung der leichten Elemente im menschlichen Organismus bzw. in menschlichen Exkrementen Schlüsse auf Ortsveränderung zu ziehen, was für die Gerichtsmedizin von Bedeutung ist (*Zimmermann* und *Cegla* [11] *Slatkin* u. a. [10]). Eine Übertragung dieses Prinzips auf tierische Organismen verspricht interessante Erkenntnisse über das tierische Verhalten (*Gaebler* u. a. [3] *Hoefs* [5]). Schließlich erscheint es möglich, aus Untersuchungen über die Isotopenzusammensetzung leichter Elemente im menschlichen Organismus Schlüsse auf den Mechanismus metabolischer Prozesse zu ziehen.

Die vorliegende Arbeit stellt die Ergebnisse einer Reihe diesbezüglicher Untersuchungen vor. Es wurden gemessen die ^{18}O-, D-, ^{13}C-, ^{15}N- und ^{34}S-Werte von Gesamt-Harn von 3 Versuchspersonen, die sich an verschiedenen Standorten aufgehalten haben. Zur Charakterisierung der Standorte wurden die $\delta^{18}O$- und δD-Werte des Leitungswassers, sowie teilweise die $\delta^{13}C$- und $\delta^{15}N$-Werte im Brot am jeweiligen Standort gemessen.

Beschreibung der experimentellen Techniken

Die Messung der Isotopenhäufigkeiten erfolgte mit dem Massenspektrometer im Probe-Standard-Vergleich. Die Abweichung vom Isotopenverhältnis wird als δ-Wert angegeben. Für Kohlenstoff lautet die Formel z. B.:

$$\delta^{13}C\ ^0/_{00} = \frac{^{13}C/^{12}C_{(\mathrm{Probe})} - {}^{13}C/^{12}C_{(\mathrm{Stand.})}}{^{13}C/^{12}C_{(\mathrm{Stand.})}} \times 1000$$

Sinngemäß das gleiche gilt für die anderen Isotopenverhältnisse. Die Standards mit der relativen Häufigkeit des schweren Isotops sind weiter unten angeführt. Die Meßgase waren: Wasserstoff, Kohlendioxid, Stickstoff und Schwefeldioxid.

Wasserstoff wurde durch Umsetzung von 6 µl Harn mit Chrom in Supremaxampullen bei einer Temperatur von 680 °C gewonnen (*Runge* [9]). Für die Sauerstoffisotopenanalyse wurde eine 4-ml-Harnprobe dem CO_2-Austausch bei 25 °C unterworfen. Die Umsetzung für die Kohlenstoff- und Stickstoffisotopenanalyse erfolgte mit Kupferoxid in Supremaxampullen bei 650 °C (*Maass, Geißler* [8]). Dazu wurden in die mit ca. 500 mg Kupferoxid und 50 mg Cu gefüllten Ampullen jeweils 0,5 ml Harnproben dosiert und daraus durch Gefriertrocknung das Wasser entfernt. Es zeigte sich, daß sich einige Harnproben bereits nach wenigen Tagen zersetzt hatten und ein Teil des Stickstoffs als Ammoniak beim Gefriertrocknen mit dem Wasser abdestilliert wurde. Deshalb wurden alle Proben für die Stickstoffisotopenanalyse vor der Gefriertrocknung mit stickstofffreier Schwefelsäure angesäuert. Für die Schwefelisotopenanalyse wurde das im Harn enthaltene Sulfat durch Fällen mit $BaCl_2$ als $BaSO_4$ abgetrennt. Das Bariumsulfat wurde mit Graphit zu Bariumsulfid reduziert, in Wasser gelöst und mit Silbernitrat Silbersulfid gefällt. Aus dem Silbersulfid wurde durch Abrösten im Sauerstoffstrom SO_2 gebildet.

Bei den hier beschriebenen Arbeitstechniken entstammt der zur Isotopenanalyse gelangende Wasserstoff zu $> 98\%$ dem Wasser des Harns, der Stickstoff zu $> 85\%$ dem Harnstoff, der Schwefel dem Sulfat. Bei der Kohlenstoffisotopenanalyse wurden alle im Harn enthaltenen organischen Verbindungen erfaßt, bei der Sauerstoffisotopenanalyse der Sauerstoff des Wassers.

Die Reproduzierbarkeit der Ergebnisse errechnet sich für Wasserstoff zu $\pm 2\ ^0/_{00}$, für Sauerstoff zu $\pm 0{,}3\ ^0/_{00}$, für Stickstoff und Kohlenstoff zu $\pm 0{,}2\ ^0/_{00}$ und für Schwefel zu $\pm 0{,}5\ ^0/_{00}$.

Darstellung der experimentellen Ergebnisse und Diskussion

Von drei Versuchspersonen (A, B und C) wurden an drei verschiedenen Aufenthaltsorten (I, II und III) Harnproben gesammelt, und zwar wurde jeweils der Morgenharn untersucht. In Tab. 1 ist eine Zusammenstellung der Meß-

[1]) Anschrift: 7050 Leipzig, Permoserstr. 15

Tab. 1. Meßergebnisse der Harnproben

Datum	Person/Aufenthaltsort	$\delta^{13}C \to$ PDB ‰	$\delta^{15}N \to$ Luft ‰	$\delta D \to$ SMOW ‰	$\delta^{18}O \to$ SMOW ‰	$\delta^{34}S \to$ CDT ‰
04. 05.	A/I	−20,36	+8,11	−37	−4,05	—
15. 05.	A/II	−19,46	+6,33	−38	—	—
21. 05.	A/II	−18,08	+8,86	−40	—	—
27. 05.	A/II	−18,47	+8,55	−46	−5,10	—
31. 05.	A/II	−18,49	+8,02	−47	−5,00	—
08. 06.	A/II	−19,24	+7,89	−47	−5,47	—
14. 06.	A/I	−19,42	+8,00	−42	—	—
04. 07.	A/I	−20,61	+7,32	−38	—	—
18. 07.	A/I	−21,65	+6,82	−37	—	—
15. 08.	A/I	−19,88	+7,39	−40	−3,60	—
15. 09.	B/III	−17,96	+7,16	−39	—	—
25. 09.	B/III	−19,90	+7,22	—	—	—
05. 10.	B/III	−20,98	+6,82	—	—	—
14. 10.	B/III	−19,95	+7,17	—	—	+5,8
15. 10.	B/I	−19,88	+7,40	—	—	—
16. 10.	B/I	−20,12	+6,67	—	—	—
18. 10.	B/I	−19,46	+6,19	—	—	—
30. 10.	B/I	−20,60	+6,79	—	—	+4,8
14. 11.	B/I	−19,41	+6,97	−42	—	+4,6
14. 12.	B/I	−20,60	+6,19	—	—	+5,0
24. 12.	B/I	−20,90	+6,25	—	—	—
08. 04.	C/I	−22,58	+6,35	—	—	—
09. 04.	C/I	−22,91	+6,54	—	—	—
10. 04.	C/I	−23,76	+6,28	—	—	—
11. 04.	C/I	−23,48	+6,70	—	—	—
12. 04.	C/I	−22,95	+6,87	—	--	

Tab. 2. Meßergebnisse von Trinkwasser und Brot

Probe	Standort	$\delta D \to$ SMOW ‰	$\delta^{18}O \to$ SMOW ‰	$\delta^{15}N \to$ Luft ‰	$\delta^{13}C \to$ PDB ‰
Trinkwasser	I	−63	−8,85	—	—
Trinkwasser	II	−77	−10,82	—	—
Trinkwasser	III	−61	−8,80	—	—
Brot	I	—	—	−4,15	−24,00
Brot	III	—	—	−5,09	−23,33

Tab. 3. Zusammenstellung der Mittelwerte der ^{15}N- und ^{13}C-Häufigkeiten der Harnproben der einzelnen Versuchspersonen an den jeweiligen Standorten und deren Streuung

Person/Standort	$\delta^{15}N$ ‰	rel. Häufigkeit ^{15}N Atom-%	Streuung ‰	$\delta^{13}C$ ‰	rel. Häufigkeit ^{13}C Atom-%	Streuung ‰
A/I	+7,59	0,3691	±0,54	−20,19	1,1333	±0,85
B/I	+6,64	0,3687	±0,37	−20,14	1,1333	±0,63
C/I	+6,65	0,3687	±0,24	−23,13	1,1366	±0,50
A/II	+7,92	0,3693	±0,98	−18,50	1,1315	±0,64
B/III	+7,09	0,3689	±0,16	−19,70	1,1328	±1,10

Tab. 4. Übersicht über die Gesamtmittelwerte der im Harn ermittelten Isotopenwerte

Nuklid	δ-Wert ‰	rel. Häufigkeit Atom-%	Streuung ‰
^{15}N	+7,12	0,3689	±0,75
^{13}C	−20,33	1,1335	±1,62
D	−41,1	0,01622	±3,75
^{18}O	−4,64	0,2009	±0,82
^{34}S	+5,05	4,3151	±0,53

Tab. 5. Zusammenhang zwischen der minimalen relativen Häufigkeit des markierenden Isotops (in Atom-%) und der Isotopenverdünnung

Nuklid	Isotopenverdünnung			
	10	100	1000	10000
D	0,0161	0,0266	0,1581	1,1826
^{13}C	1,1245	1,4449	4,649	36,69
^{15}N	0,3743	0,4233	0,9129	5,80
^{14}N	99,64	99,68	—	—
^{18}O	0,2032	0,2325	0,5251	3,459
^{34}S	4,3381	4,7340	8,69	48,29

ergebnisse gegeben. Tab. 2 gibt die Meßwerte für Trinkwasser und Brot der einzelnen Standorte wieder.

In Tab. 3 sind die Mittelwerte der $\delta^{15}N$- und $\delta^{13}C$-Werte der einzelnen Versuchspersonen und deren Streuung und in Tab. 4 die Mittelwerte der einzelnen Isotope über alles und ihre Umrechnung in Atomprozent zusammengestellt. Dabei wurden für die Standards folgende Werte zugrunde gelegt:

SMOW	^{18}O	= 0,20005 Atom-%	(*Baertsch* [1])
SMOW	D	= 0,015576 Atom-%	(*Hagemann* u. a. [4])
PDB	^{13}C	= 1,1112 Atom-%	(*Craig* [2])
Luft	^{15}N	= 0,3663 Atom-%	(*Junk, Svec* [7])
CDT	^{34}S	= 4,2944 Atom-%	(*Jensen, Nakai* [6])

Wegen der geringen Meßwertzahl von δD-, $\delta^{18}O$- und $\delta^{34}S$-Werten an den einzelnen Standorten soll von ihnen nur ein Gesamtmittelwert ausgewiesen werden.

Es zeigt sich, daß die δ-Werte der einzelnen Versuchspersonen — wohl in Abhängigkeit von der Nahrungs- und Flüssigkeitsaufnahme — beträchtlichen Schwankungen unterliegen. Bei den $\delta^{18}O$- und δD-Werten zeigt sich außerdem, wie schon von *Zimmermann* u. *Cegla* [11] nachgewiesen, ein deutlicher Einfluß des Standorts. Die Schwankungen liegen weit außerhalb der experimentellen Fehlergrenzen und sind deshalb entscheidend für die Planung von Markierungsexperimenten.

Zur quantitativen Erfassung dieser Konsequenz gehen wir von der Isotopenverdünnungsformel aus. Es sei ein Vorrat von a Molen im menschlichen Organismus zu markieren. Die einer Tabelle zu entnehmende (in unserem Fall Tab. 4) natürliche relative Häufigkeit eines seltenen Isotops dieses Elementes sei c_0. Zur Markierung werden m Mole des Elementes mit der relativen Häufigkeit c_m eingesetzt. Es gilt dann die Isotopenbilanzgleichung

$$a \cdot c_0 + mc_m = (a + m)\, c_x$$

wenn c_x die relative Häufigkeit des seltenen Isotops nach der Isotopenverdünnung bedeutet. Wir erhalten so:

$$c_x = \frac{a \cdot c_0 + m \cdot c_m}{a + m}$$

Nach Einführung der für die meisten Markierungsexperimente („Impulsmarkierung") typischen Bedingung $m \ll a$ entsteht daraus die Näherungsformel:

$$c_x = c_0 + m/a \cdot c_m$$

oder $c_m = a/m(c_x - c_0)$

Damit sich c_x in genügendem Maße von dem Pegel c_0, der Schwankungen von c_0 abhebt, fordern wir:

$$c_x \geqq c_0 + 2\Delta c_0$$

und erhalten so eine Beziehung zwischen der erforderlichen relativen Häufigkeit des markierenden Isotops und der zu erwartenden Isotopenverdünnung a/m:

$$c_m \geqq 2\Delta c_0 \cdot \frac{a}{m}$$

In Tab. 5 sind, fußend auf den hier vorgelegten experimentellen Untersuchungen, die so berechneten unteren Grenzen der c_m-Werte für die Isotopenverdünnungen 10, 100, 1000 und 10000 zusammengestellt. (Es muß hervorgehoben werden, daß die Angaben bei c_m hinsichtlich des Schwefels und Sauerstoffs angesichts der kleinen Zahl der Meßproben vage sind.) Wie Tab. 5 zeigt, ergeben sich im Falle der Verwendung von (bei der Gewinnung von ^{15}N und ^{18}O durch Tieftemperaturdestillation von NO als Nebenprodukte anfallendem und deswegen billigem) ^{14}N für die Markierungsexperimente extreme Forderungen an die relative Häufigkeit.

Für die Ausführung der massenspektrometrischen Messungen danken wir den Mitarbeitern der Arbeitsgruppen Massenspektrometrie im Zentralinstitut für Isotopen- und Strahlenforschung und in der Bergakademie Freiberg.

Eingegangen am 27. 8. 1980

Literatur

[1] *P. Baertsch,* Earth and Planetary Letters **31** (1976) 341
[2] *H. Craig,* Geochimica et Cosmochimica Acta **12** (1957) 133
[3] *O. H. Gaebler, T. G. Vitti, R. Vukmirovich,* Can. J. Biochem. **44** (1966) 1249
[4] *R. Hagemann, G. Nief, E. Roth,* Tellus **XXII** (1970) 712
[5] *J. Hoefs,* 2. Arbeitstagung „Isotope in der Natur" 5.–9. Nov. 1979 in Leipzig
[6] *M. L. Jensen, N. Nakai,* Proc. Nat. Sci. Found. Symp., Yale Univ. April 1962, 1–15
[7] *G. Junk, H. J. Svec,* Geochimica et Cosmochimica Acta **14** (1958) 234
[8] *I. Maaß, Ch. Geißler,* Isotopenpraxis **7** (1971) 14
[9] *A. Runge,* Isotopenpraxis **16** (1980) 67
[10] *D. N. Slatkin, A. P. Irsa, L. Friedman,* Vortrag auf der 3rd International Conference on Stable Isotopes, Oak Brook, Illinois, May 23, 1978
[11] *U. Zimmermann, U. Cegla,* Naturwissenschaften **60** (1973) 243

Wird der Ozonschild der Erde durch den zunehmenden Stickstoff-Düngemittelverbrauch zerstört? — Ein Beitrag der Isotopenforschung

H. Hübner

(Zentralinstitut für Isotopen- und Strahlenforschung der Akademie der Wissenschaften der DDR)[1]

Herrn Prof. Dr.-Ing. *Justus Mühlenpfordt* zum 70. Geburtstag gewidmet

Die Zunahme der Weltbevölkerung ist von einer gleichlaufenden Zunahme des Stickstoff-Düngemitteleinsatzes begleitet, da eine extensive Erweiterung der landwirtschaftlichen Nutzflächen mit dem Bevölkerungswachstum bei weitem nicht Schritt halten kann. In der Bodenzone finden ständig Stoffumwandlungen statt, die von Isotopenvariationen begleitet sind. Es wird am Beispiel der $\delta^{15}N$-NO_3*-Variationen gezeigt, daß sich die Werte in der aeroben Zone zunächst nach negativeren Werten hin verschieben, um sich beim Übergang in die anaerobe Zone wieder ständig nach positiveren Werten hin zu verändern. Der bei der Denitrifikation wirkende Isotopieeffekt ist für die Veränderung nach positiveren Werten verantwortlich und erlaubt einen Zugang zur Bestimmung des Denitrifikationsgrades. Der steigende Düngemittelverbrauch ist von einigen Umweltbelastungen begleitet: Das* NO_3*-Problem im Grundwasser und das sich bei der Denitrifikation bildende* N_2O *sind solche Folgeerscheinungen. Befürchtungen, daß die Zunahme an* N_2O *in der Stratosphäre den Ozonschild der Erde teilweise zerstören könnte, und der gegenwärtige Wissensstand über den globalen N-Kreislauf werden diskutiert. Die natürlichen Schwankungen des stratosphärischen Ozongehaltes überwiegen bei weitem die aus möglichen* NO_x*-katalysierten Ozonabbaureaktionen hervorgerufenen Änderungen.*

Keywords

agriculture; ecosystems; fertilizers; isotope effects; isotope ratio; nitrogen 15; ozone; population dynamics; stratosphere

1. Einleitung

Der Leipziger Ethnologe *Julius Lips* — vor 30 Jahren Rektor der Alma Mater Lipsiensis — hat Völkerschaften, die nur ernten, aber nicht säen, als Erntevölker bezeichnet und diese Wirtschaftsform als Zwischenstadium zwischen den Jägern und Sammlern einerseits und den seßhaften Bauern andererseits eingeordnet. Sie konnten auf die Dauer nur ernten, weil sie die natürlich wachsenden Früchte pfleglich behandelten. Gewiß ist die terra culta, das bebaute Land der Römer, eine etymologische Brücke zum Wort Kultur, das sich in vielen Sprachen wiederfindet und heute die uns gewohnte Bedeutung erlangt hat. Wir haben in dem gewaltigen Strom der Zeit, der seither verstrichen ist, durch wohlgeprüfte und wissenschaftlich begründete Methoden gelernt, dem bebauten Land hohe bis höchste Erträge alljährlich abzuringen. Eine intensive Bodenbearbeitung und Bewässerung, gepaart mit einer zeitlich gestaffelten Düngung und einer abgewogenen Fruchtfolge sichern uns diese hohen, lebensnotwendigen Erträge.

Seit der letzten Eiszeit, der Würm-Weichsel-Kaltzeit, die ihren Höhepunkt vor 20000 Jahren hatte, veränderte sich das Klima der Erde ständig. Durch die Erwärmung hob sich der Meeresspiegel um 80 ... 100 m, das Klima Europas und Nordafrikas wurde humid, und Gebiete, die heute Wüsten sind, waren von großen Seen bedeckt, die durch Flüsse aus den umliegenden Gebirgen gespeist wurden. Der Tschadsee Niederafrikas war vor 10000 Jahren ein Meer von der heutigen Ausdehnung des Kaspischen Meeres, und überall in den Gebirgstälern gab es kleine Seen mit Gehölzen und Büschen. Um 6500 ... 5000 v. Z. begann sich die Wüste im Sudan und in Oberägypten auszudehnen, und bereits um 2000 v. Z. war praktisch ganz Ägypten mit Ausnahme der Nilniederungen zur Wüste geworden. Es verschwanden die Wiesen und Weiden und die Savannenvegetation, die von nun längst ausgestorbenen Büffelherden durchstreift worden waren (*Bubalus antiquus*), und immer häufiger traten Dürrekatastrophen auf, die das Land mit verheerenden Hungersnöten heimsuchten (das Hungersnot-Relief der Unas-Pyramide von Sakkara gibt einen Eindruck aus der 5. Dynastie wieder). Man meint, daß die Zentralgewalt des Alten Reiches nicht zuletzt wegen dieser nicht zu bewältigenden Dürrekatastrophen schließlich zerfiel. Die Vollwüste hatte gesiegt.

In diese frühe Zeit der überlieferten Menschheitsgeschichte fällt auch der Beginn der Landwirtschaft. Schafe und Ziegen wurden domestiziert, das Rind um 7000 v. u. Z., das Schwein zur gleichen Zeit. Seither hat der Mensch rund 3000 Pflanzenarten für seine Ernährung zu nutzen versucht, wovon etwa 100 Arten in größerem Stil angebaut werden. Heute wird die Ernährung der Weltbevölkerung praktisch durch ungefähr 20 Arten gesichert, die durch eine gezielte Selektion die erwünschten hohen Erträge liefern.

2. Das Wachstum der Bevölkerung

Vor 12000 Jahren betrug die Erdbevölkerung rund 4 Millionen Menschen. Mit einer Verdoppelungszeit τ_2 von rund 2000 Jahren wuchs die Zahl bis zur Zeitenwende auf 250 ... 300 Millionen an. Von da an bis heute verkürzte sich die Verdoppelungszeit laufend [1] (Tab. 1).

Tab. 1. Verdoppelungszeiten des Bevölkerungswachstums

Zeitspanne	τ_2, a
Zeitenwende ... 1600	1600
1600 ... 1850	250
1850 ... 1930	80
1930 ... 1975	45
ab 1975	≈ 35

[1]) Anschrift: 7050 Leipzig, Permoserstr. 15

Tab. 2. Verdopplungszeiten des Bevölkerungswachstums ab 1950

Kontinente/ Länder	Einw. [in 10^6] = b. exp. (m. Jahr) τ_2, a[1])	b	r^2 [2])	Einwohner [in 10^6] 1950	1960	1970	1980	1990	2000
Welt	37,319	$4{,}646 \cdot 10^{-13}$	0,9998	2501 15,67%[3])	2986 14,26%	3632 12,72%	4351 11,37%	5239 10,2%	6308 9,1%
Asien	34,28	$1{,}017 \cdot 10^{-14}$	0,9991	1368 3,49[4])	1643 3,86	2025 4,38	2489 5,03	3047 5,703	3730 6,47
Afrika	28,175	$3{,}171 \cdot 10^{-19}$	0,9988	219 0,56[4])	273 0,64	352 0,76	453,1 0,92	579,5 1,08	741,1 1,29
N. u. M.-Amerika	39,445	$2{,}909 \cdot 10^{-13}$	0,9972	219 0,56[4])	268 0,63	318 0,69	375,4 0,76	447,5 0,84	533,4 0,69
S.-Amerika	25,687	$1{,}563 \cdot 10^{-21}$	0,9999	111 0,28[4])	146 0,34	191 0,41	249,8 0,505	327,2 0,61	428,6 0,74
Europa	90,687	$1{,}324 \cdot 10^{-4}$	0,9967	392 1[4])	426 1	462 1	494,9 1	534,3 1	576,7 1
Austr./ Ozean.	35,711	$4{,}757 \cdot 10^{-16}$	0,9952	13 0,033[4])	16 0,037	19 0,041	23,33 0,047	28,33 0,053	34,4 0,06
UdSSR	52,244	$1{,}1 \cdot 10^{-9}$	0,9879	180	214	243	272,9	311,6	355,9
USA	49,095	$1{,}716 \cdot 10^{-4}$	0,9915	150,7	179,3	203,2	237,1	273,1	314,5
DDR[5])	−244,73	$2{,}084 \cdot 10^{4}$	0,9675	18,36	17,19	17,07	„16,66“	„16,30“	„15,95“

[1]) τ_2 die Verdoppelungszeit in Jahren, analog der Halbwertszeit definiert mit $m = \ln 2/\tau_2$

[2]) Bestimmtheitsmaß, Quadrat des Korrelationskoeffizienten r

[3]) Diese Spalte bedeutet der prozentuale Anteil Europas an der Weltbevölkerung

[4]) Diese Spalte bedeutet die Bevölkerung des jeweiligen Kontinents bezogen auf Europa

[5]) Die negative Verdoppelung bedeutet in diesem Fall die Halbwertszeit; die für 1980, 1990 und 2000 berechneten Werte gelten ohne Berücksichtigung der ab 1976 sprunghaften Zunahme der Geburten in der DDR

Untersucht man die gegenwärtigen Verdoppelungszeiten der einzelnen Länder und Kontinente, so findet man sehr unterschiedliche Wachstumsraten der Bevölkerung (Tab. 2).

Die zusammengestellten Werte [2] wurden durch Anwendung eines Exponentialansatzes der Art

$$\text{Millionen Menschen} = b \cdot e^{\text{m} \cdot \text{Jahr}}$$

ermittelt, wobei die Jahre 1950, 1960 und 1968—1977 verwendet wurden. Dies erklärt das hohe Bestimmtheitsmaß r^2 (coefficient of determination), das beispielsweise ausdrückt, daß 99,98% aller Variationen der Weltbevölkerung durch diesen Exponentialansatz erfaßt werden, während nur 0,02% aller Variationen durch andere Faktoren beeinflußt werden (andere mathematische Zusammenhänge, stochastische Prozesse).

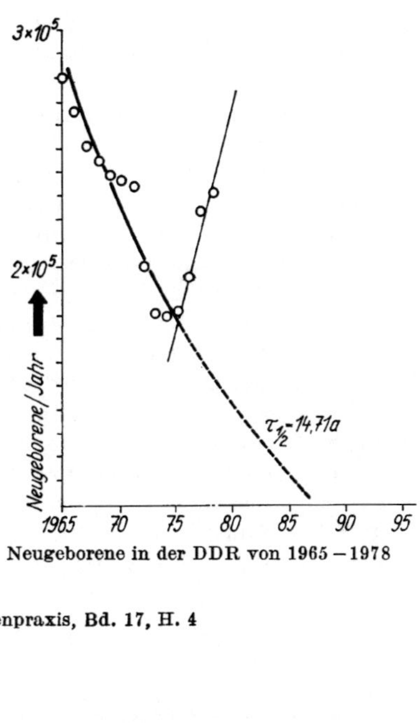

Abb. 1. Neugeborene in der DDR von 1965—1978

Es ist legitim, die Bevölkerungsentwicklung des eigenen Landes näher zu betrachten [2]. Die Bevölkerung der DDR war in der Zeitspanne von 1960 ... 1970 praktisch konstant (17,092 ± 0,056 Millionen Einwohner), um ab 1971 laufend zu fallen (1978: 16,751 Mio. Einw.). Ähnliche Abnahmen sind bei den Geburten zu beobachten (Abb. 1); ab 1975 aber ist ein sprunghafter Anstieg zu sehen, der in Zahlen ausgedrückt lautet: 1975: 181198 und 1978: 232151. Es ist einer eingehenden demographischen Untersuchung vorbehalten [3], diesen „baby-boom“ zu erklären; auf jeden Fall fand dieser Geburtenanstieg keine Berücksichtigung bei der Berechnung des Bevölkerungswachstums der DDR in Tab. 2, weswegen dort in der letzten Zeile die Anführungszeichen gesetzt sind.

Um sich bei der Betrachtung des künftigen Bevölkerungswachstums nicht in Unanschaulichkeit zu verlieren, seien noch folgende Zahlen angeführt:

1980/81 — Zuwachsrate 1,875 %, entsprechend 81,57 Millionen Menschen

1980: stündliche Zunahme an Menschen 9305 oder tägliche Zunahme 223 500

Die DDR-Bevölkerung von 17 Millionen entspricht demnach der Zunahme der Weltbevölkerung innerhalb von 76,6 Tagen. Demgegenüber hatten England und Wales zu Beginn der Neuzeit nur 4 Millionen Einwohner, die sich bis 1600 u. Z. auf 5,5 Millionen vermehrten, was einer Verdoppelungszeit von 217,7 Jahren entspricht.

3. Landwirtschaftliche Nutzfläche und Düngemittelverbrauch

Unter landwirtschaftlicher Nutzfläche versteht man die Summe aus Ackerland einschließlich Gartenland, Obstplantagen, Rebland und die Wiesen und Weiden (nach den FAO-Production-Yearbooks also arable land + permanent crops + permanent pasture).

Tab. 3. Prozentuale Änderung des Ackerlands (arable land) zwischen 1966 und 1976 im Vergleich mit der prozentualen Änderung der Bevölkerung zwischen 1965 und 1975

Kontinente	Prozentuale Änderung der Anbaufläche %	Prozentuale Änderung der Bevölkerung %
Welt	4,71	20,6
Afrika	6,60	29,75
N. u. M.-Amerika	5,55	16,47
S.-Amerika	21,05	30,20
Asien	5,07	23,65
Europa	−5,55	6,36
Australien	13,59	18,57
Ozeanien	13,41	18,25

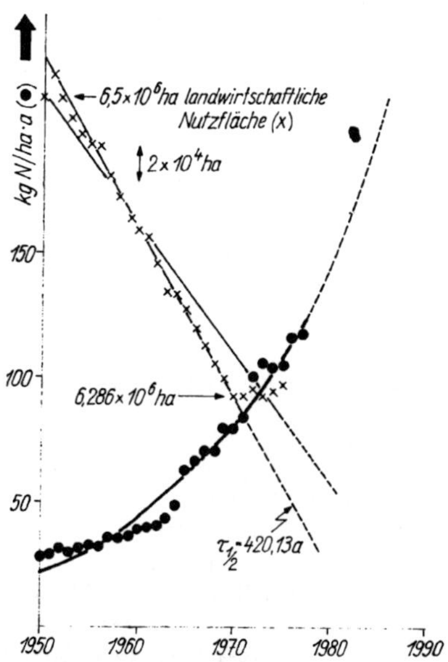

Abb. 2. N-Düngemittelverbrauch und landwirtschaftliche Nutzfläche der DDR von 1950–1978

In Tab. 3 sind die prozentualen Änderungen der Anbauflächen und der Einwohnerzahlen im Zeitraum 1965–1975 bzw. 1966–1976 zusammengestellt [4]. Es ist sofort erkennbar, daß eine extensive Erweiterung der Anbauflächen in keinem Fall die relativen Bevölkerungszunahmen kompensieren kann, im Gegenteil, alle Werte des Bevölkerungszuwachses liegen teilweise weit über den Werten des Anbauflächenzuwachses. Eine gleiche Betrachtung für einzelne Länder läßt noch krassere Unterschiede hervortreten. Auch die DDR macht keine Ausnahme, obwohl ab 1970 keine weiteren Abnahmen bei den landwirtschaftlichen Nutzflächen festzustellen sind (Abb. 2). In der gleichen Abbildung ist auch der Einsatz von N-Düngemitteln in der DDR in kg-N pro ha und Jahr zu sehen, und man erkennt einen ständigen Anstieg im N-Düngemitteleinsatz [2]. Mit 133 kg-N/ha · a im Jahre 1977 hat die DDR im N-Düngemitteleinsatz keineswegs eine Spitzenposition; im Vergleich dazu verbrauchten im gleichen Jahr pro ha: die Niederlande 604 kg-N, Norwegen 421 kg-N, Belgien/Luxemburg 387 kg-N, Japan 208 kg-N, die BRD 97 kg-N, während die UdSSR, die USA und Kanada einen jährlichen N-Einsatz von 19 ... 21 kg-N/ha hatten. Im Weltdurchschnitt lag der N-Düngemitteleinsatz bei 30,6 kg-N/ha (1977). Unter Anwendung des Exponentialansatzes ergibt

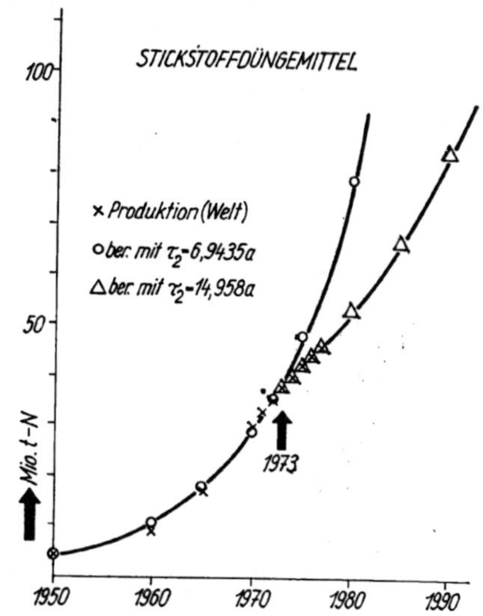

Abb. 3. N-Düngemittelproduktion der Welt von 1950–1990

Tab. 4. N-Düngemittelproduktion von 1950–2000 im Weltmaßstab

Jahr	t N[× 10⁶]	berechnet nach f_1	berechnet nach f_2	RGW-Anteil
1950	4,2	3,97		19,46%
1960	9,8	10,8		25,17%
1970	30,2	29,2		28,02%
1971	33	32,3		
1972	35,1	35,7		
1973	37,9	39,4	38,3	28,88%
1974	40,45	43,6	40,1	
1975	42,43	48,2	42	31,59%
1976	43,8	53,2	43	
1977	45,9	58,5	46	31,72%
1980		79,3	52,9	
1985		130,7	66,7	
1990		215,3	84,1	
1995		354,7	106,1	
2000		584,2	133,7	

$f_1 = 1{,}144 \times 10^{-81} \times e^{0{,}09982 \times \text{Jahr}}$ $\tau_2 = 6{,}94$ a
$r^2 = 0{,}9952$

$f_2 = 7{,}51 \times 10^{-36} \times e^{0{,}0463 \times \text{Jahr}}$ $\tau_2 = 14{,}96$ a
$r^2 = 0{,}9851$

sich im Weltmaßstab eine Verdoppelungszeit von 6,9 Jahren, was auf das Jahr 2000 extrapoliert einen durchschnittlichen Verbrauch von rund 300 kg-N/ha ergeben würde (Abb. 3). Ab 1973 ist aber eine deutliche Verlangsamung in der steigenden Produktion von N-Düngemitteln zu erkennen, die eine Verdoppelungszeit von ungefähr 15 Jahren ergibt. Wenn man bedenkt, daß rund 60% des erzeugten Wasserstoffs der Erdölindustrie in die Düngemittelproduktion fließt, dann scheint ein signifikanter Zusammenhang zwischen der „Erdölkrise" und der Düngemittelproduktion zu bestehen. Das hohe Szenario von 300 kg-N/ha im Jahre 2000 wird also nicht erreicht werden können. In Tab. 4 sind die zur Berechnung verwendeten Funktionen angegeben, außerdem der ständig steigende Anteil der RGW-Länder an der Welt-N-Düngemittelproduktion. Es ist vielleicht erwähnenswert, daß die RGW-Länder im Jahre

1980 so viel N-Düngemittel produzieren werden, wie die Weltproduktion 1968 (24,56 · 10^6 t-N) betrug. Setzt man das niedere Szenario für das Jahr 2000 an, dann ergibt sich im Weltmaßstab ein Düngemittelverbrauch von 90 kg-N/ha · a oder aufgerundet von 100 kg-N/ha · a, also rund die dreifache Menge des gegenwärtigen Verbrauchs.

Man kann fragen, wie das System Boden/Pflanze auf immer höhere N-Gaben reagiert. Die Antworten können je nach dem Zeitpunkt der Düngung (Frühjahr, Herbst), dem Bodentyp, der Dauer der Düngeranwendung, der Pflanzenart, der Bewässerung u. a. Faktoren recht verschieden ausfallen. Eine Antwort nach *M. J. Frissel* [5] lautet beispielsweise

$$\mathrm{N-output} = \tfrac{1}{2} \times \mathrm{N-input}\,,$$

wobei N — output die Primärproduktion bedeutet und N — input die N-Gaben in summa von Düngemittel, Regen, N_2-Fixierung; diese Beziehung ist bis zu 800 kg-N/ha · a korreliert, und bei mehr als 100 kg-N/ha · a übertreffen die Düngemittelgabe alle anderen N-Quellen. Eine andere Antwort [6] für Mais mit unterschiedlichen Bewässerungsregimes lautet, daß ab 110 kg-N/ha · a eine abnehmende Körnerausbeute zu beobachten ist, begleitet von einer Abnahme der Düngemittelausnutzung von 60% auf rund 40%.

4. Isotopenvariationen in der Bodenzone

Vom 3.—7. Juli 1978 fand in Piracicaba, einer Stadt im Staate São Paulo, ein Treffen von Experten statt, die das provozierend anmutende Thema diskutierten, ob die N-Gaben als Düngemittel oder als Pollutanten wirken. Es wurden 22 Vorträge gehalten, die von der IAEA im Rahmen der Panel Proceedings Series veröffentlicht wurden [7]. Als typische Fragestellung der Tracertechnik nach dem Woher und Wohin von Stoffen stand die breite Anwendung der ^{15}N-markierten Düngemittel im Vordergrund. Die Ergebnisse der Tracerversuche liefern u. a. Angaben über die prozentualen Anteile des Stickstoffs vom N-Düngemittel, die %Ndff-Werte (*N derived from fertilizer*) und die A-Werte, d. h. die in kg-N/ha · a verfügbaren N-Mengen aus dem Boden, die also nicht vom Düngemittel stammen. Schematisch kann folgendes Bild über die Relationen im System Boden/Pflanzen angegeben werden:

$$\begin{array}{ll} \text{Düngung} & \underbrace{\text{Pflanze Boden Verluste.}} \\ \text{input} = & \text{output} \end{array}$$

Neben der Frage nach der Ausnutzung der Düngemittel und der Verfügbarkeit des Boden-N sind vor allem die N-Verluste von hohem Interesse, wobei neben der Wirtschaftlichkeit die Frage nach einer möglichen Umweltbelastung durch Akkumulation gestellt werden muß.

Alle Traceruntersuchungen gehen von einfachen Stoff- und Isotopenbilanzgleichungen aus, die bei den ablaufenden Stoffwandlungen keinerlei wirkende Isotopieeffekte berücksichtigen. Variationen in der natürlichen isotopischen Zusammensetzung der Elemente (Isotopenvariationen) beruhen aber gerade auf solchen wirkenden Isotopieeffekten, und wenn die unterschiedlichen N-Pools (Tab. 5) im Boden in bezug auf ^{15}N analysiert werden (massenspektrometrische Präzisions-Isotopenanalyse), dann können mehr oder weniger starke Isotopenvariationen beobachtet werden. Der lösliche Anteil des N kann noch weiter in NH_4^+-, NO_3^-- und NO_2^--Ionen aufgeteilt werden.

Tab. 5. Globale Stickstoffmengen in der Bodenzone

Gesamtfläche in 10^6 ha (ohne Antarktika, Schelfgebiete, Binnenseen, große Flüsse ...)	13078,5
Landwirtschaftliche Nutzfläche (1976)[1]	4546,1
Ackerland	1488
Wiesen/Weiden	3058,1
Waldflächen	4145,2
N-Gehalt in der Bodenzone in kg—N/ha[2])	
(ungef. 1 m Tiefe)	ungef. 2300 bezogen auf Gesamtfläche (3000 ... 3500 bezogen auf landwirtschaftl. Nutzfläche)
anorg. unlösl. N	5% entspr. 120
anorg. löslicher N	1% entspr. 23
Mikroorganismen	0,179% entspr. 4
pflanzl. Biomasse	94
Streu, Stroh, Laub ...	20

[1]) 1977-FAO-Production Yearbook **31**, Rome 1978
[2]) Angaben nach SCOPE Report 7, Ecol. Bull. (Stockholm) **22** (1976)

Isotopenvariationen werden in δ-Werten angegeben, die im Falle des Stickstoffs durch die Beziehung

$$\delta^{15}\mathrm{N}\,[^0/_{00}] = \left[\frac{(^{15}\mathrm{N}/^{14}\mathrm{N})_{\mathrm{Probe}}}{(^{15}\mathrm{N}/^{14}\mathrm{N})_{\mathrm{Luft\text{-}N_2}}} - 1\right] \cdot 10^3$$

definiert sind. Der Luft-N_2 dient als Bezugstandard und hat den Wert ^{15}N/^{14}N = 0,00 3676 5. Leider ist in der agrikulturchemischen Literatur noch eine andere Definition üblich, die durch

$$\delta_a{}^{15}\mathrm{N} = \left[\frac{(\mathrm{Atom.\text{-}\%})_{\mathrm{Probe}}}{(\mathrm{Atom.\text{-}\%})_{\mathrm{Luft\text{-}N_2}}} - 1\right] \cdot 10^3 = \Delta^{15}\mathrm{N}$$

gegeben ist; dabei ist $(\mathrm{Atom.\text{-}\%})_{\mathrm{Luft\text{-}N_2}} = 0{,}3663$. Die beiden Werte in Delta-Angaben sind nicht gleich, obwohl der Unterschied gering ist.

Beispiel: $\Delta^{15}\mathrm{N} = +10{,}0 \quad \delta^{15}\mathrm{N} = +10{,}036$

$\Delta^{15}\mathrm{N} = -10{,}0 \quad \delta^{15}\mathrm{N} = -10{,}0374$

Korreliert man den Gesamt-N-Gehalt eines Bodens (A_p-Horizont, oberster Pflughorizont) mit seinen δ^{15}N-Werten, so ist nur ein ganz geringer Zusammenhang gegeben, beispielsweise lautet die Bezeichnung für 11 unterschiedliche kanadische Böden [8]

$$N_{\mathrm{gesamt}}\,[\mathrm{ppm}] = 1772{,}2 + 46{,}6 \cdot \delta^{15}\mathrm{N}$$

mit $r = 0{,}1385$. Anders ist der Zusammenhang, wenn nur das Nitrat-N korreliert wird, man erhält:

$$NO_3-N\,[\mathrm{ppm}] = 45{,}9 - 2{,}65 \cdot \delta^{15}\mathrm{N}$$

mit $r = -0{,}7507$.

Anders sehen die Verhältnisse aus [9], wenn die δ^{15}N—NO_3-Werte in Abhängigkeit von der Tiefe gemessen werden (Abb. 4). Diese Unterschiede zwischen Gesamt-N, NO_3—N und auch von NH_4—N werden leicht verständlich, wenn man die Konzentrationsverhältnisse in der Bodenzone betrachtet (Tab. 5). Der im Vergleich zum NO_3—N riesige Gesamt-N-Pool bleibt trotz biochemischer Prozesse in der Bodenzone im wesentlichen konstant, während der NO_3—N ständigen Umwandlungen unterworfen ist, nämlich in der aeroben Zone durch die Bildung von

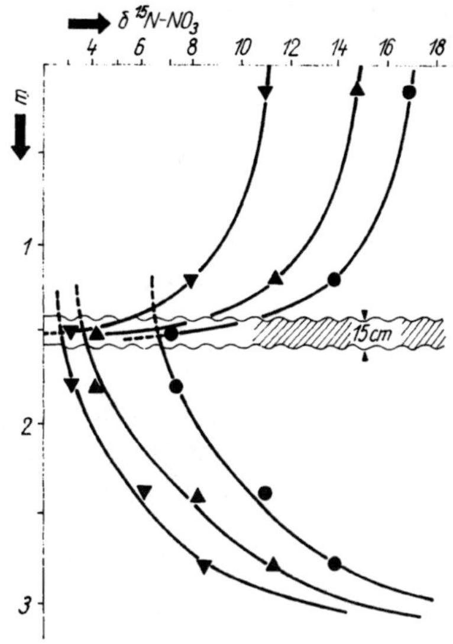

Abb. 4. $\delta^{15}N$-NO_3-Werte in Abhängigkeit von der Bodentiefe nach *Rennie* et al. (1973, 1976)

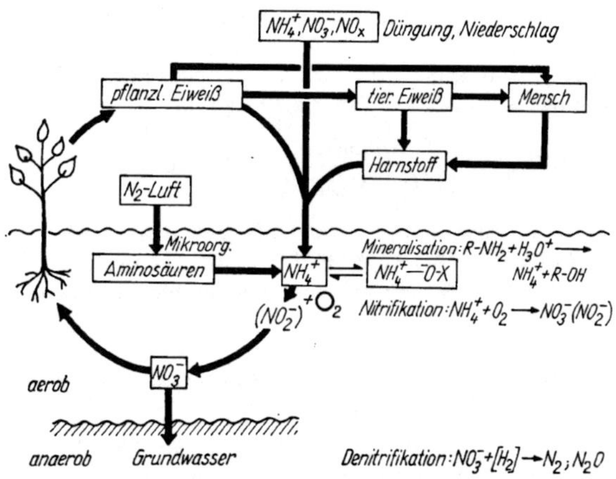

Abb. 5. Die wichtigsten N-Stoffumwandlungen in der Bodenzone

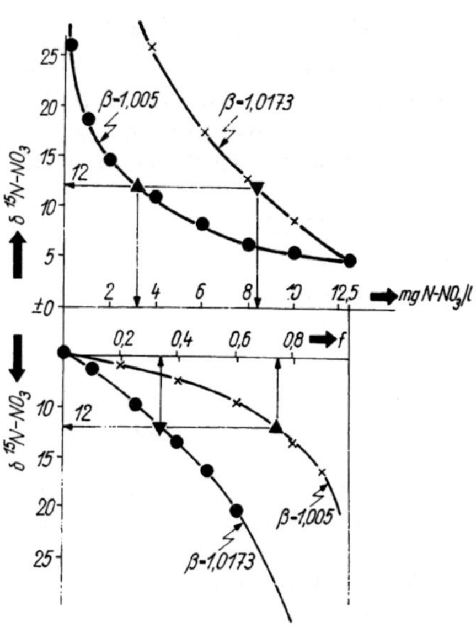

Abb. 6. Berechnete $\delta^{15}N$-NO_3-Werte in Abhängigkeit vom NO_3-Gehalt und vom Umwandlungsgrad *f*

NO_2^- bzw. NO_3^- unter der Wirkung der Nitrifikanten (*Nitrosomas* sp. und *Nitrobacter* sp.), die Aufnahme des NO_3^- durch die Pflanzen, die Auswaschung des NO_3^- durch Niederschläge und Abwanderung in die anaeroben Zonen, wo in Gegenwart von reduzierten organischen Verbindungen durch Denitrifikanten das Nitrat als Elektronenacceptor dissimiliert werden kann (Abb. 5).

Es wurde diskutiert [10], daß die Abnahme der ^{15}N-Konzentration in der aeroben Zone (die $\delta^{15}N$-Werte werden negativer) auf ein vorgelagertes Ionenaustauschgleichgewicht zwischen freiem NH_4^+ (in der Abb. 6 als $[NH_4^+ - {}^-O\text{-}X]$ gekennzeichnet) zurückzuführen ist, wobei das schwerere Nuklid ^{15}N am Kationenaustauscher des Bodens bevorzugt gebunden wird (normaler Isotopieeffekt) und das leichtere ^{14}N-Nuklid in der wäßrigen Phase durch die Nitrifikanten unter Bildung von NO_3^- oxydiert wird. In der anaeroben Zone wird durch die Denitrifikation wieder das leichtere ^{14}N Nuklid bevorzugt metabolisiert, aber im Gegensatz zur aeroben Zone ist jetzt das NO_3^--Ion nicht das Produkt, sondern das Substrat und wird mit fortschreitender Denitrifikation wieder schwerer (positivere $\delta^{15}N$-Werte).

Ähnliche Korrelationen können auch in Grundwasserhorizonten [11] oder in Vorflutern [12] beobachtet werden, wobei der Zusammenhang gilt

geringe NO_3-N-Konzentration = hohe $\delta^{15}N$-Werte und umgekehrt.

5. Isotopieeffekte bei der Denitrifizierung, der Denitrifizierungsgrad

Isotopieeffekte bei der Denitrifikation sind in der Literatur mehrfach beschrieben; am häufigsten wird ein β-Wert zitiert, der von *C. C. Delwiche* und *P. L. Steyn* [13] 1970 veröffentlicht wurde. Der β-Wert bedeutet das Verhältnis der Geschwindigkeitskonstanten ^{14}k zu ^{15}k bei der Reaktion

$$^{14}NO_3^- + A + B \ldots \xrightarrow{^{14}k} {}^{14}X + Y + \ldots$$

$$^{1}\,NO_3^- + A + B \ldots \xrightarrow{^{15}k} {}^{1}\,X + Y + \ldots,$$

wobei $\beta = {}^{14}k/{}^{15}k = 1{,}0173$ für *Pseudomonas denitrificans* unter batch-Versuchsbedingungen gefunden wurde. Aus den kinetischen Gleichungen für $^{14}NO_3^-$ und $^{15}NO_3^-$ als Substrat kann die Beziehung

$$\varepsilon \cdot \ln (1 - f) = \ln \frac{(1 + 10^{-3}\,\delta A_f)}{(1 + 10^{-3}\,\delta A_0)} = \ln \frac{R_f}{R_0}$$

abgeleitet werden, wobei $\varepsilon = \frac{1}{\beta} - 1$, f der Umwandlungsgrad, δA_f der $\delta^{15}N$-Wert beim Umwandlungsgrad f und δA_0 der Ausgangswert sind. Werden die unter natürlichen Bedingungen gemessenen $\delta^{15}N$-Werte gegen die NO_3-N-Konzentrationen korreliert, so findet man β-Werte, die immer kleiner sind als die unter den genannten batch-Bedingungen: in Zahlen $\beta = 1{,}004\,66 \ldots 1{,}005\,25$ [10]. In Abb. 7 sind die $\delta^{15}N$-NO_3-Werte einer Arbeit von *H. D. Freyer* und *A. I. M. Aly* [11] entnommen. Es wird vorgeschlagen, den kleineren, „verdünnten" Isotopieeffekt als einen „mixing isotope effect" zu bezeichnen, da er sozusagen durch eine Zumischung des Lösungsmittels Wasser zustande kommt. Der Zusammenhang soll anhand der Abb. 7 kurz erläutert werden. Gesetzt den Fall, man findet einen $\delta^{15}N-NO_3$-Wert von +12,0, was einer gefun-

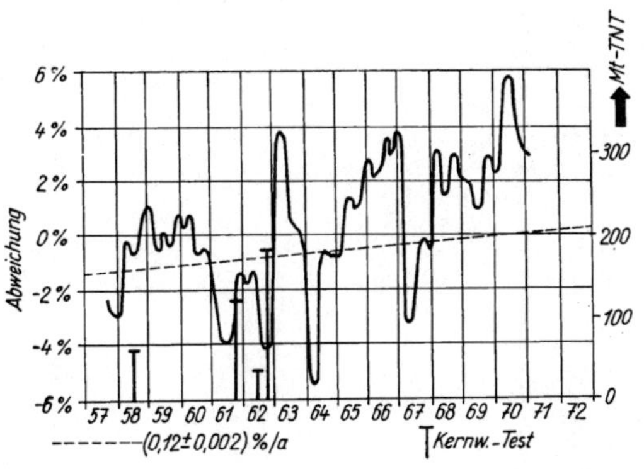

Abb. 7. Prozentuale Schwankungen des O_3-Gehaltes in der Stratosphäre, Kernwaffentests und Veränderung des O_3-Gehaltes mit Zunahme des CO_2-Pegels nach [33, 42]

denen Konzentration von 2,8 mg $N-NO_3$/l entspricht (korreliert mit einem $\beta = 1{,}005$). In Wirklichkeit müßte man unter batch-Bedingungen, also für ein $\beta = 1{,}0173$, eine Konzentration von 8,07 mg $N-NO_3$/l finden. Man kann die beiden Werte dadurch zur Übereinstimmung bringen, daß die 2,8 mg nicht in 1 l, sondern in 1,01855 l gelöst sind, also ein Zulauf von 18,55 ml pro 1 l Wasser zugelassen wird.

Diese Betrachtung ist bedeutungsvoll für die Bestimmung des Denitrifikationsgrades, also der Umwandlung von $NO_3^- - N$ in N_2 bzw. N_2O. Im unteren Teil der Abb. 7 sind die Verhältnisse in Abhängigkeit von f aufgetragen, wobei das gleiche Zahlenbeispiel von $\delta^{15}N-NO_3 = +12{,}0$ angegeben ist. Durch den mixing isotope effect hat nicht eine Umwandlung von 77,5%, sondern nur eine von 35,44% stattgefunden. Der mathematisch-physikalische Zusammenhang ist durch das offene System der NO_3-Wanderung in der Bodenzone gegeben, wobei neben der stofflichen Umwandlung noch Konvektion (Versickerung) und Diffusion stattfinden, die aber kaum von Isotopieeffekten begleitet sind (wäßrige Phase, einfache Vermischungsprozesse).

Wir wollen an dieser Stelle zumindest drei Schlußfolgerungen ziehen:

- Die Isotopieeffekte des NO_3-N in der Bodenzone können bei Untersuchungen von Isotopenvariationen nicht vernachlässigt werden, obwohl in der Literatur Aussagen der Art: „A quantitative correction for these isotope fractionations is not yet possible . . . [12] und „It is difficult to evaluate and make quantitative correcting for the effect of biological, chemical, and physical isotope fractionation processes in soils on the ^{15}N concentrations of soil isolates . . ." [12] enthalten sind;
- Durch die sich in Abhängigkeit von der Tiefe der Bodenhorizonte verändernden $\delta^{15}N-NO_3$-Werte verlieren Stoffe (Düngemittel, Niederschlag, Gründüngung, Klärschlamm, Gülle . . .), die auf die Oberfläche gebracht werden, ihre Identität, wenn sie als natürliche Tracer durch ihre Isotopenvariationen aufgefaßt werden;
- Der Denitrifikationsgrad sollte der Eindeutigkeit halber auf den Bodenhorizont bezogen werden, von dem ab die Denitrifikanten wirklich wirken, also die anaeroben Zonen (Abb. 4 und 5). Die beim Übergang aerob/anaerob herrschende NO_3-N-Konzentration sollte die Bezugsgröße für den Denitrifikationsgrad sein.

6. Das NO_3-Problem

Die WHO-Empfehlungen in bezug auf den NO_3-N-Gehalt im Trinkwasser lauten [14]:

$<$ 11,3 mg NO_3-N/l	empfohlenes Niveau
11,3 ... 22,6 NO_3-N/l	annehmbares Niveau
$<$ 22,6 mg NO_3-N/l	nicht empfohlenes Niveau

Wird letztgenannter Grenzwert wesentlich überschritten, so kann beim Menschen die Methämoglobinämie (Blausucht) auftreten, denn das NO_3-Ion gehört zu den methämoglobinbildenden Stoffen. Das Methämoglobin, die Fe(III)-Form des Hämoglobins, ist nicht mehr in der Lage, Sauerstoff reversibel aufzunehmen und abzugeben. Die Bildung kann schematisch durch

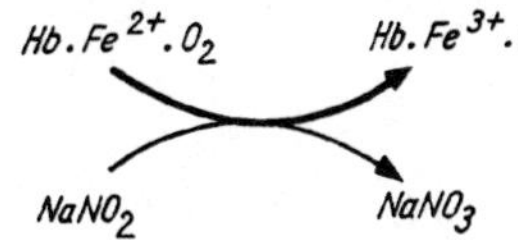

wiedergegeben werden, eine gekoppelte Oxydation von $Hb \cdot O_2$ und $NaNO_2$. Da im Darm von Säuglingen die Reduktionskraft ($NaNO_3 \rightarrow NaNO_2$) wesentlich höher ist als bei Erwachsenen, sind vor allem erstere durch den erhöhten NO_3-Gehalt gefährdet. Man beobachtet seit Beginn der 50er Jahre weltweit eine ständige Zunahme des NO_3-Gehaltes in den Oberflächengewässern, so beispielsweise in Flüssen von Essex, wo von November 1976 bis Februar 1977 an 10 bis 22 Tagen je Monat die Werte über 22,6 mg NO_3-N/l lagen [15]. Obwohl es keine gesetzlichen Grenzwert-Regelungen für belastete Flüsse gibt, kann ein Grenzwert von 45 mg NO_3-N/l am Unterlauf eines Flusses als annehmbar gelten, wenn nicht durch Uferfiltration Trinkwasser gewonnen werden soll. Damit werden Riesenmengen an NO_3-N durch Flüsse dem Meer zugeführt, durch die Themse beispielsweise 1976/77 insgesamt 29800 t NO_3-N [15]. Damit wird das NO_3 im Trinkwasser auch zu einem ökonomischen Problem, das gelöst werden muß. Allerdings kann nur durch langjährige Untersuchungen eine bilanzierte Zuordnung des NO_3 im Gewässer vorgenommen werden, da auch die biologische N_2-Fixierung und die Mineralisierung von organisch gebundenem Stickstoff zum NO_3-Gehalt beitragen, nicht allein die anorganischen N-Düngemittel.

Als gegenwärtige technische Lösungswege zur Bewältigung des NO_3-Problems bieten sich biologische Denitrifikationsstufen („3. Reinigungsstufe") der Abwasserbehandlung an. Hauptsächlich werden „Verschnittmaßnahmen" angewandt, d. h., Wasser mit geringem NO_3-Gehalt wird in dem Maße zugemischt, bis annehmbare Grenzwerte erhalten werden. Dem Antransport solcher Wässer ist aber ein ökonomisches Optimum gesetzt, m. a. W.: es können Fälle eintreten, wo Trinkwasseranlagen wegen ihrer ökonomisch nicht vertretbaren Kosten geschlossen werden müssen. Ein anderes Verfahren neben dem „Schönen" ist die Verteilung von Trinkwasser in Flaschen; in Großbritannien werden für dieses Verfahren 12 ... 26 p/l veranschlagt, also ein sehr kostspieliges Verfahren.

7. Das N_2O-Problem

Das N_2O gehört neben anderen Gasen in der Atmosphäre zu den Spurengasen; es kommt in der Troposphäre je nach Breitengrad und Jahreszeit im Bereich von 250 ... 280 ppb vor, um ab ungefähr 10 km Höhe ständig abzunehmen [16] und die Stratosphäre zu erreichen. Erst dort treten die Spurengase in Wechselwir-

Tab. 6.

		SCOPE (1976)		*Hahn/Junge* (1976)		*Liu* et al. (1977)		*Winteringham* (1980)		verwendete Daten	
		Land	Meer	Land	Meer	Land	Meer	Land	Meer	Land	Meer
input	N_2-Fix. biol.	139	30 ... 130	180	85	200	40	139	20 ... 120	180	100
	N_2-Fix. (Kat. „Sand“)	—	—	—	—	—	—	—	—	35[1])	—
	Düngung	45	—	40	—	40	—	46,8[2])	—	53[3])	—
	Niederschlag, Stäube	120 ... 340	25 ... 67	160	40	160	60	—	—	160	40
	atm. NO_x[4])	—	—	—	—	—	—	19	—	18	45
	Gesamt-input	304 ... 524	115 ... 197	380	125	400	100	—	—	446	185
output	$N_2 + NO_2$	100 ... 240	110 ... 250	150	165	140	130	—	25 ... 179	—	—
	N_2	83 ... 160	90 ... 173	125	115	125	115	91 ... 92	5 ... 99	—	—
	N_2O	16 ... 69	20 ... 80	25	45	8 ... 25	7 ... 25	16 ... 69	20 ... 80	25 + 2,2[5])	50
	NH_3	25 ... 50	?	—	—	—	—	—	—	—	—
	NH_4^+, NO_3^-, N-org.	83 ... 186	10 ... 20	170	?	190	—	—	—	—	—
	atm. NO_x	1 ... 14	—	?	?	—	—	—	—	—	—
	Gesamt-output[6])	211 ... 490	130 ... 270	> 360	> 160	330	130	—	—	—	—

[1]) Bildung von NH_3 in Sandwüsten unter Sonneneinstrahlung; geschätzt werden weltweit (6,2 ... 62) · 10^6 tN/a, als Mittelwert 35 · 10^6 tN/a Naturwiss. Rundsch. **32** (1979) 384

[2]) berechnet mit einer Wachstumsrate von 4 % und Bezugsjahr 1975

[3]) berechnet nach Tab. 4; entspricht 11,88 % des Gesamt-inputs

[4]) Bildungsrate von NO bzw. NO_x durch Blitze. *W. L. Chameides* Nature **277** (1979) 123: Es werden weltweit (35 ... 90) · 10^6 tN/a angegeben, entsprechend der Land/Meer-Verteilung aufgeschlüsselt

[5]) Es werden mitunter anthropogene N_2O-Mengen bei der Verbrennung von fossilen Brennstoffen in Kraftwerken und in Autoabgasen angegeben; dazu müßten Angaben über Vulkangase und über Waldbrände gemacht werden

[6]) In der Tabelle sind nicht mit aufgeführt die durch die Flüsse vom Land zum Meer transportierten N-Raten und auch nicht die durch Schmelzen des Antarktiseises ins Meer transportierten N-Raten, da sich beide im wesentlichen ausgleichen, ohne zu akkumulieren
Antarktika: *B. C. Parker, L. E. Heiskell, W. J. Thompson*, Nature **271** (1978) 651

Literatur

– SCOPE Report 7, editors: *B. H. Svensson, R. Söderlund*, Ecologic. Bulletins No. 22, Stockholm 1976
– *J. Hahn, C. Junge* [27]
– *S. C. Lui* et al. [20]
– *F. P. W. Winteringham*, N-balance and related studies: a global review in [7] pp. 307 – 344

Tab. 7. $N_2O : N_2$-Verhältnisse

$N_2O-N : N_2$	$\frac{N_2O-N}{N_2O-N + N_2}$	Bemerkungen	Lit.
1:19 ... 1:5,67	0,05 ... 0,15	$(NH_4)_2SO_4$ als N-Quelle 25% Wasser im Boden	[21]
1:9 ... 1:0,11	0,1 ... 0,9	$Ca(NO_3)_2$ als N-Quelle	[21]
1:2,3 ... 1:1,5	0,3 ... 0,4	Skand. Boden $p_H = 6 ... 7$ Porenvol. 6%	[22]
1:3	0,25	1. Tag nach Düngung (KNO_3)	[23]
1:199	0,005	18. Tag nach Düngung (KNO_3)	[23]
1:15,67	0,06	im Mittel von 30 Tagen	[23]
1:2,3	0,3	unter Feldversuchen	[24]
1:16	0,0588	Mittelwertbildung	[25]
1:16	0,0588	Mittelwertbildung	[26]
1:1,38	0,42	Grasland, zu unterschiedl. Zeiten	[28]
1:2,72	0,27	(März–Juni);	
1:3,36	0,23	$p_H < 7$	

kung mit dem stratosphärischen Ozon, das sich in einem ständigen Bildungs- und Zerfallsprozeß nach $3\,O_2 + UV\text{-}Licht \rightleftharpoons 2\,O_3$ befindet und den Ozonschild, den Filter für die UV-Strahlung der Sonne, darstellt. Diese Erkenntnis ist 50 Jahre alt, wobei allerdings *S. Chapman* 1930 keinerlei katalytische Ozonabbaureaktionen unter Beteiligung von Spurengasen annahm. Erst 1971 hat *H. S. Johnston* wohl zum ersten Mal auf anthropogene Wirkungen auf den Ozonschild hingewiesen; er äußerte Bedenken gegen einen umfassenden Einsatz von Überschallflugzeugen, die in Flughöhen von 20 km durch ihren Ausstoß von NO eben dieses für den Ozonabbau katalytisch wirkende Agens laufend bilden würden [17]. Seither ist eine Vielzahl von Veröffentlichungen erschienen, die sich teils mit der Entdeckung neuer katalytisch wirkender Spurengase, beispielsweise OCS [18], und teils mit bedrohlichen Schlußfolgerungen für das Überleben der Menschheit beschäftigen, wenn die stratosphärische O_3-Konzentration merklich abnimmt (Zunahme von Hautkrebs durch die Erhöhung der UV-Strahlung, genetische Schäden). Das bekannteste Beispiel ist das Treibmittel (Chlorfluormethane, CFM) in den vielbenutzten Spraydosen der Kosmetik.

Seit Mitte der 70er Jahre werden Bedenken darüber laut, daß eine ständige Erhöhung des N-Düngemitteleinsatzes zwangsläufig zu einer Erhöhung der N_2O-Konzentration in der Troposphäre und nach einer bestimmten mittleren Aufenthaltsdauer auch in der Stratosphäre führen muß. Die dabei ablaufende Reaktionsreihe ist

$$N_2O + h\nu_{\lambda < 340\,nm} \rightarrow N_2 + O(^1D)$$
$$O(^1D) + N_2O \rightarrow NO + NO$$
$$\text{in summa } 2\,N_2O \rightarrow N_2 + 2\,NO$$

und mit dem NO kann der NO_x-Zyklus mit dem O_3 gestartet werden, der als Folge immer zu

$$O_3 + O(^1D) \rightarrow 2\,O_2$$

führt, also zum Abbau von Ozon.

Um den Anteil des Düngemittelverbrauchs am N_2O zu ermitteln, müssen die globalen N-Bilanzen näher betrachtet werden (Tab. 6). Der gegenwärtige Stand ist mit folgenden Schwierigkeiten behaftet:

- der Frage, ob die Ozeane eine Quelle oder eher eine Senke für N_2O sind; bis 1976 wurden Meßwerte von *H. Craig* und *L. Gordon* als repräsentativ angesehen, wonach auf der Monsun-Expedition 1961 eine deutliche Untersättigung des N_2O im Pazifik festgestellt wurde [19]. Diese Werte werden von den Autoren selbst nicht mehr als zutreffend betrachtet (geäußert auf einer Tagung 1976 – zitiert bei [20]); bei der gaschromatographischen Bestimmung des N_2O trat an den heißen Drähten der Leitfähigkeitszellen eine geringe Zersetzung auf.
- der Frage nach dem Verhältnis von $N_2O:N_2$, das sich je nach Bodenart, Jahreszeit, Bewässerung, Anwendung des NH_4-N, NO_3-N oder Harnstoff-N u. a. Faktoren unterschiedlich darstellt (Tab. 7).
- Werden alle bekannten Quellen des N_2O in der Troposphäre gegen die bekannten Senken einander gegenübergestellt, so wird folgende Diskrepanz offenkundig [27]:

Σ Quellen $= 80 \cdot 10^6$ t N_2O – N/a im Bereich $(40 ... 330) \cdot 10^6$ t

Σ Senken $= 15 \cdot 10^6$ t N_2O – N/a im Bereich $(10 ... 20) \cdot 10^6$ t

Da im Falle des N-Kreislaufes keine natürliche Markierung des N_2O auftritt, wie es beim *Suess*-Effekt in bezug auf CO_2 durch die Verbrennung fossiler Brennstoffe der Fall ist, so ist neben sorgfältigen Spurenanalysen vor allem die ^{15}N-Tracertechnik zur Aufklärung der Zusammenhänge im Einsatz. Unter anderem konnte jüngst gezeigt werden, daß eine Düngung auch eine Aktivierung des Boden-N auslöst unter Bildung von N_2O, d. h., nicht aller Stickstoff entstammt tatsächlich dem eingesetzten Düngemittel-N [28].

Zur Aufklärung der Diskrepanz zwischen den troposphärischen Quellen und Senken wurden in letzter Zeit kleine Fortschritte gemacht:

- die Entdeckung, daß das gramnegative Bakterium Vibrio succigenes N_2O als Elektronenacceptor unter gleichzeitiger Reduktion zu N_2 verwenden kann, wobei Formiat oder H_2 als Elektronendonatoren fungieren und dabei Bernsteinsäure bilden [29];
- die Entdeckung, daß in Küstennähe NO_3 häufiger zu NH_3 als zu N_2O bzw. N_2 reduziert wird [30] und
- der Anteil an gelöstem N_2O in der Dränung landwirtschaftlicher Nutzflächen mengenmäßig mit bilanziert werden muß [26].

8. O_3-Variationen in der Stratosphäre

Variationen im stratosphärischen O_3-Gehalt werden seit vielen Jahrzehnten beobachtet, wobei je nach Bandenbereich unterschiedliche Spektrometer angewendet werden; das *Dobson*-Spektrometer arbeitet im *Huggins*-Bereich zwischen 320 ... 360 nm [31]. Am Smithsonian Institution's Astrophysical Observatory wurden seit 1912 bis 1950 O_3-Schwankungen von 25% beobachtet. Die Schwankungen in Arosa betrugen von 1941—1947 $\pm$ 1,5% und nahmen seither laufend ab [32] — belegt in Beobachtungsreihen von 1932—1973. Eine sorgfältige Analyse der Auswirkungen des Überschallfluges und der Kernwaffentests nahmen *P. Goldsmith* et al. 1973 [33] vor, wonach die von einer Concorde-Maschine anfallende NO—N-Menge 4,57 · 10^5 kg/a beträgt, wenn täglich 4 Atlantik-Flüge angenommen werden. In der Zeit von 1952 ... 1972 wurden Kernwaffentests (Abb. 7) mit einem TNT-Äquivalent von 520,3 Mt ausgeführt, was einer NO-Produktion [34] von 1,21 Mt NO—N entspricht; bezogen auf den Gesamt-N_2-Gehalt der Atmosphäre liegt diese Riesenmenge jedoch nur im bescheidenen Bereich von 0,31 ppb. Der chinesische Kernwaffentest vom 27. 6. 1973 mit einer 3 Mt TNT-Menge lieferte $7 \cdot 10^{-3}$ Mt NO—N [35], nach 1 Mt TNT = $2,33 \cdot 10^{-3}$ Mt NO—N (Abb. 7).

Neben diesen fast periodischen Schwankungen und Trends [36] im stratosphärischen O_3-Gehalt können ganz plötzlich eintretende Änderungen beobachtet werden, vor allem von Stationen, die sich in Polnähe befinden, wie beispielsweise die Station Resolute in Kanada. Dort wurde mit dem *Dobson*-Spektrometer eine Änderung um fast 15% (von 0,013 auf 0,0108 atm. cm über der 4-mbar-Höhenlinie) vom 4. 8. 1972 zum 6. 8. 1972 festgestellt. Diese Solar-Protonenereignisse [37] sind ein weiteres Indiz für noch nicht verstandene natürliche O_3-Konzentrationsschwankungen [38].

9. Abbau des Ozonschildes und Steigerung des N-Düngemitteleinsatzes

In der CAST-Studie [25] wird ein Zusammenhang zwischen der prozentualen Reduktion der O_3-Konzentration und der relativen Zunahme der N_2O-Konzentration hergestellt:

$$-\frac{\Delta O_3}{O_3}[\%] = \frac{1}{5} \cdot \frac{\Delta N_2O}{N_2O} \cdot 100$$

und die relative N_2O-Zunahme soll der Düngemittelzunahme ΔN_{DM} nach folgender Beziehung gehorchen:

$$\frac{\Delta N_2O}{N_2O} = \frac{\Delta N_{DM}}{N_2 + N_2O} \qquad DM = \text{Düngemittel}$$

Wird die letzte Beziehung durch N_2O erweitert, so erhält man schließlich

$$-\frac{\Delta O_3}{O_3}[\%] = \frac{1}{5} \times \frac{N_2O}{N_2O + N_2} \times f \times \frac{\Delta N_{DM}}{N_2O} \times 100$$

wenn f den Denitrifikationsgrad darstellen soll, der in der CAST-Studie mit $f = 1$ angenommen wird. Nach dieser Beziehung wird die prozentuale O_3-Konzentrationsabnahme durch drei Faktoren wesentlich bestimmt: das Verhältnis von $N_2O:N_2$ bei der Denitrifikation (in der CAST-Studie wird 1:16 angenommen), der Düngemittelzuwachs (bezogen auf das Jahr 1974 mit 40 Mt N/a) und der N_2O-Strom, der jährlich in die Troposphäre gelangt (in der CAST-Studie mit 95 Mt N/a angenommen).

Nimmt man eine realistische Düngemittelzunahme von rund 100 Mt N bis zum Jahre 2000 an, und ändert man das $N_2O:N_2$-Verhältnis, so werden folgende Prozentzahlen erhalten ($f = 1$):

$N_2O:N_2 = 1:10$ (mit 95 Mt N/a) 2,1%

$N_2O:N_2 = 1:5$ (mit 95 Mt N/a) 4,21%

$N_2O:N_2 = 1:10$ (mit 75 Mt N/a) 2,67%

$N_2O:N_2 = 1:5$ (mit 75 Mt N/a) 5,33%

Man erkennt, wie drastisch sich die Prozentzahlen im Vergleich zu Tab. 8 ändern, wenn das $N_2O:N_2$-Verhältnis enger wird; andererseits ist eben dieses Verhältnis im globalen Maßstab recht unsicher (Tab. 7).

Tab. 8. Prozentuale Abnahme des stratosphärischen O_3-Gehaltes (berechnet mit $N_2O:N_2 = 1:16$

Jahr	ΔN_{DM}[1])	N_2O-N: 75 Mt N/a			N_2O-N: 95 Mt N/a		
		f			f		
		1	0,5	0,3	1	0,5	0,3
1980	12,9	0,20	0,10	0,06	0,16	0,08	0,05
1985	26,7	0,42	0,21	0,12	0,33	0,17	0,10
1990	44,1	0,69	0,34	0,21	0,54	0,27	0,17
1995	66,1	1,03	0,52	0,31	0,82	0,41	0,26
2000	93,7	1,47	0,73	0,44	1,16	0,58	0,36

[1]) Düngemittelzunahme in Mt-N bezogen auf das Jahr 1974 mit -0 Mt N/a

Gerade in der jüngst erschienenen Arbeit zum Wissensstand des O_3-Problems von *P. Fabian* [38] wird deutlich, daß eine enge Verflechtung der ablaufenden katalytischen Abbauprozesse des O_3 besteht; mit anderen Worten: Eine Modellrechnung, die nur den NO_x-Zyklus berücksichtigt, kann die tatsächlichen Verhältnisse nur unvollkommen beschreiben. So finden sich neuerdings gekoppelte Modellrechnungen in der Literatur, wie beispielsweise Berechnungen unter Änderung der ClX (= Cl + ClO + HCl + $ClNO_2$) und unter der Annahme einer Verdoppelung des CO_2-Pegels in der Atmosphäre, also eine Kopplung von CO_2-Problem und ClFM-Problem (Spraydosen) mit dem O_3-Problem [39]. Danach erhöht sich die O_3-Konzentration in der Stratosphäre bis zum Jahre 2000 um 3,3%. Der darauffolgende Artikel in der Nature befaßt sich mit einem Effekt der geographischen Breite auf die Änderung der O_3-Konzentration durch den NO_x-Zyklus [40], und es werden 35 Verbindungen und Radikale aus der O—N—H- und Cl-Familie in die Modellrechnungen einbezogen, dazu kommen noch Asymmetrien in der Turbulenz-Diffusion (eddy-diffusion) der nördlichen und südlichen Hemisphäre. Auch die bereits erwähnte Diskrepanz zwischen den troposphärischen Quellen und Senken der N_2O-Raten wird bei solcher Abschätzung sehr deutlich.

10. Folgerungen, Tendenzen und Lösungswege

Eigentlich stellt sich das N-Düngemittelproblem mit seinen umweltbelastenden Folgen janusköpfig dar. Einerseits wünschte man sich eine totale Denitrifizierung des Nitrats zur Entlastung des Grundwassers und andererseits möchte man keine weitere N_2O-Abgabesteigerung an die Troposphäre erreichen. Beide Extremfälle kann die Natur nicht erfüllen. Der vorgeschlagene Weg zur Ermittlung des Denitrifikationsgrades ermöglicht es, den realen Zwischenwert zu bestimmen. Ein Denitrifikationsgrad von 100%

würde zu einer unendlich kleinen NO_3-Konzentration bei einer gleichzeitig unendlich hohen ^{15}N-Anreicherung führen, ein Erscheinungsbild, was nie beobachtet wurde und auch nicht beobachtet werden wird, da die kleinen NO_3-Konzentrationen als Elektronenacceptoren zur Dissimilation immer endlich bleiben müssen, sonst „schaltet" die Mikroflora auf SO_4-Ionen oder CO_2 um, die anaerob auch veratmet werden können.

Das N_2O-Problem kann auch klimatische Änderungen hervorrufen, da in der Troposphäre eine IR-Absorption des N_2O existiert, was einen Glashauseffekt zur Folge hat [41]. Eine beachtliche Reduzierung des O_3-Gehaltes in der Stratosphäre dürfte ferner zu einer Abkühlung führen. Demgegenüber wird angenommen, daß eine Erhöhung des CO_2-Pegels auch zu einer Erhöhung des O_3-Gehaltes in der Stratosphäre führt [42]. Die eingezeichnete Gerade in Abb. 7 ist dieser Arbeit entnommen.

Es scheint so, als wäre das NO_3-Problem jüngsten Datums oder zumindest erst seit der verstärkten Düngung des Bodens mit anorganischen N-Verbindungen in Erscheinung getreten. Dies ist aber keineswegs der Fall. Wenn der Rücktransport des NO_3 vom Boden zur Pflanze unterbunden wird (Abb. 5), dann wird es ausgewaschen und erscheint im Grundwasser. Diese Unterbindung tritt bei Waldrodungen ein, und so sind — abgesehen von einer Verzögerungsphase — bald beachtliche NO_3-Mengen im Grundwasser meßbar [43]; in Zahlen beispielsweise von 2 kg NO_3-N/ha · a bei ungestörtem Wuchs auf 97 kg NO_3-N/ha · a nach der Unterbrechung des kleinen N-Kreislaufes der Bodenzone. Wenn man bedenkt, daß noch *Cornelius Tacitus* vor rund 2000 Jahren von Mitteleuropa, Germanien, sagen konnte, es sei im allgemeinen schaurig durch seine Wälder und häßlich durch seine Sümpfe, so fanden seitdem Rodungen in größtem Maße statt; man schätzt den damaligen Waldbestand auf 90 ... 95% der Landfläche ein, während der Waldbestand der DDR 1976 [2, 4] nur noch 27,8% betrug.

Als „moderne" Störungen des N-Haushaltes in der Bodenzone wären in diesem Zusammenhang zu nennen:

- das Gülle-Problem, wonach das gesamte NH_4-N zu NO_3 nitrifiziert wird und bei einem ungünstigen $C_{org.}$/N-Verhältnis nicht mehr denitrifiziert werden kann;
- eine mögliche Temperaturabsenkung der anaeroben Zone bei einem umfassenden Einsatz von Wärmepumpen, wobei die Denitrifizierungsprozesse verlangsamt werden;
- die „sauren Regen", die zu einer *p*H-Erniedrigung führen und das $N_2O:N_2$-Verhältnis verkleinern [44];
- die stark NO_3-haltigen Wässer aus Wiederaufbereitungsanlagen [45] der Kernenergie (PUREX-Verfahren).

So sind in der Gegenwart die Probleme der Umwelt mit dem Klima und die Probleme des Wachstums der Menschheit mit der Ernährung eng miteinander verbunden. Ferner haben wir längst gelernt, die moderne Landwirtschaft als einen sehr energieintensiven Wirtschaftszweig anzusehen; allein die rund 18 Millionen Traktoren (1976) verbrauchen rund 110 Milliarden Liter Dieselkraftstoff. Die hohen Einsätze an Düngemitteln verbrauchen weitere wertvolle Energieeinheiten. Um den Hunger der Menschheit einzudämmen und zu bannen, sind solche Einsätze unabdingbar notwendig geworden. Wir sollten nur die Folgen mit beachten, ohne dabei um ein beschwichtigendes Verständnis zu werben, denn sonst laufen wir Gefahr, daß uns ein Ethnologe künftiger Zeiten in ein Erntevolk II. Art einstufen wird — sie haben gesät, gedüngt und geerntet, sich aber um die Folgen der Düngung nicht gesorgt.

Eingegangen am 9. 10. 1980

Literatur

[1] *R. Wiechert*, Angew. Chem. **89**, (1977) 513
[2] Statistische Jahrbücher der DDR. Staatsverlag der DDR, Berlin, Jahrgang **20** (1975) bis Jahrgang **24** (1979)
[3] *R. Mackensen* u. *H. Wewer* (Hrsg.), Dynamik der Bevölkerungsentwicklung, Carl Hauser-Verlag 1973
[4] 1976-FAO Production Yearbook Vol. **30**, Rome 1977; 1977-FAO Production Yearbook Vol. **31**, Rome 1978
[5] *M. J. Frissel*, Proceedings 1976 – European Society of Nuclear Methods in Agriculture – ESNA, p. 33
[6] *R. A. Olson*, Isotope studies on soil and fertilizer nitrogen in: Isotopes and Radiation in Research on Soil-Plant Relationships, Proceedings Series-STI/PUB/501, IAEA, Vienna 1979, p. 3/ – 32
[7] Soil Nitrogen as Fertilizer or Pollutant, Panel Proceedings Series-STI/PUB/535, IAEA, Vienna 1980
[8] *D. A. Rennie, E. A. Paul, L. E. Johns*, Canad. J. Soil Sci. **56** (1976) 543
[9] *D. A. Rennie, E. A. Paul, L. E. Johns*, Isotope tracer-aided research on the nitrogen cycle in selected Saskatchewan soil in: Effects of Agricultural Production on Nitrates in Food and Water with particular Reference to Isotope Studies, Panel Proceedings Series-STI/PUB/363, IAEA, Vienna 1974, p. 77 – 90; *D. A. Rennie, E. A. Paul*, Nitrogen isotope ratios in surface and sub-surface soil horizons in: Isotope Ratios as Pollutant Source and Behaviour Indicators, Proceedings Series-STI/PUB/382, IAEA, Vienna 1975, p. 441 – 453
[10] *H. Hübner*, Vortrag auf der Tagung „Isotope in der Natur" vom 5. – 9. 11. 1979; ZfI-Mitteilungen No. 30 (1980) 141
[11] *H. D. Freyer, A. J. M. Aly*, N-15 studies on identifying fertilizer excess in environmental systems in: Isotope Ratios as Pollutant Source and Behaviour Indicators, Proceedings Series-STI/PUB/382, IAEA, Vienna 1975, p. 21. – 33.; *Aly Islam Metwally Aly*, ^{15}N-Untersuchungen zur anthropogenen Störung des natürlichen N-Zyklus, Dissertation TH Aachen 1976, 89 S.
[12] *D. H. Kohl, G. B. Shearer, B. Commoner*, Science **174** (1971) 1331; *R. D. Hauck, W. V. Bartholomew, J. M. Bremner, F. E. Broadbent, H. H. Chery, A. P. Edward, D. R. Keeney, J. O. Legg, S. R. Olsen, L. K. Porter*, Science **177** (1972) 453
[13] *C. C. Delwiche, P. L. Steyn*, Envir. Sci. Technol. **4** (1970) 929
[14] WHO European Drinking Water Standards, 2nd edition, WHO, Geneva 1970
[15] *N. J. Nicolson*, Chem. and Ind. (Britain) **1979**, 189
[16] *K. Schütz, C. Junge, R. Beck, B. Albrecht*, J. geophysic. Res. **75**; (1970) 2230; *H. B. Singh, L. J. Salas, H. Shigeishi*, Tellus **31** (1979) 313
[17] *H. S. Johnston*, Science **173** (1971) 517
[18] *R. P. Turco, R. C. Whitten, O. B. Toon, J. B. Pollack, P. Hamill*, Nature **283** (1980) 283
[19] *H. Craig, L. Gordon*, Geochim. cosmochim. Acta **27** (1963) 949
[20] *S. C. Liu, R. J. Cicerone, T. M. Danahue, W. L. Chameides*, Tellus **29** (1977) 251
[21] *R. C. Stefanson*, Plant and Soil **33** (1972) 113
[22] *D. D. Focht*, Soil Science **118** (1974) 173
[23] *D. E. Rolston, M. Fried, D. A. Goldhamer*, Soil Science Soc. Amer. J. **40** (1976) 259
[24] *N. D. Sze, H. Rice*, Geophys. Res. Letters **3** (1976) 343
[25] Council for Agricultural Science and Technology, CAST-Report No. 53, Iowa State University, Ames 1976
[26] *R. J. Dowdell, J. R. Burford, R. Crees*, Nature **278** (1979) 392
[27] *J. Hahn, C. Junge*, Z. Naturforsch. **32a** (1977) 190
[28] *W. Matzel, H. Lippold*, Field method of determining denitrification losses (N_2 and N_2O) during growing season by means of ^{15}N-labelled fertilizers in: Combined FAO/IAEA/GSF Research Coordination Meeting and International Seminar on Isotope Techniques in Studies of the useful Conservation and the Pollutant Potential of Agricultural Nitrogen Residues held in Vienna, 25 – 29 August 1980; *H. Lippold, Z. Förster*, Arch. Acker- u. Pflanzenbau u. Bodenkd. **24**, (1980) 85; *J. Förster, H. Lippold*, ibid. **23** (1979) 89
[29] *T. Yoshinari*, Appl. Environm. Microbiol. **39** (1980) 81
[30] *J. Sørensen*, Appl. Environm. Microbiol. **36** (1978) 139
[31] *D. J. Angione, E. J. Medeiros, R. G. Roosen*, Nature **261** (1976) 289
[32] *G. R. Kelly*, Atmosph. Environ. **10** (1976) 677

[33] *P. Goldsmith, A. F. Tuck, J. S. Foot, E. L. Simmons, R. L. Newson*, Nature **244** (1973) 545

[34] *H. Johnston, G. Whitten, J. Birks*, J. geophysic. Res. **78**, (1973) 6107; *H. M. Foley, M. A. Ruderman*, ibid., **78** (1973) 4441

[35] *R. W. Holloway*, Environm. Sci. Technol. **13** (1979) 1488

[36] *J. London, J. Kelley*, Science **184** (1974) 987

[37] *D. F. Heath, A. J. Krueger, P. J. Crutzen*, Science **197** (1977) 886

[38] *P. Fabian*, Naturwiss., **67** (1980) 109

[39] *J. S. A. Isaksen, E. Hesstvedt, F. Stordal*, Nature **283** (1980) 189

[40] *R. C. Whitten, W. J. Blorucki, L. A. Capone, C. A. Riegel, R. P. Turco*, Nature **283** (1980) 191

[41] *J. Hahn*, Man-made perturbation of the nitrogen cycle and its possible impact on climate in: Man's impact on Climate. *Bach, Pankratz, Kellogg* (Herausgeber), Elsevier Publ. Comp., Amsterdam 1979, S. 193–213

[42] *K. S. Groves, S. R. Mattingly, A. F. Tuck*, Nature **273** (1978) 711

[43] *P. M. Vitousek, J. R. Gosz, C. C. Grier, J. M. Melillo, W. A. Reiners, R. L. Todd*, Science **204** (1979) 469

[44] *F. H. Braekke* (edit.), Impact of Acid Precipitation on Forest and Freshwater Ecosystems in Norway, Fagrapport FR 6/76 Oslo, 1976, 111 S.

[45] *C. W. Fracis, J. B. Mankin*, Water Res. **11** (1977) 289

Die Stellung der Emissionsspektrometrie unter den nichtmassenspektrometrischen Methoden der Isotopenanalyse

H. Gerstenberger, G. Meier

(Zentralinstitut für Isotopen- und Strahlenforschung der Akademie der Wissenschaften der DDR, Leipzig)[1]

Herrn Professor Dr.-Ing. *Justus Mühlenpfordt* zum 70. Geburtstag gewidmet

Neben der Massenspektrometrie wird zur Isotopenanalyse eine Reihe auf anderen physikalischen Prinzipien beruhender Methoden benutzt. Dabei spielen heute die auf der Änderung kolligativer Eigenschaften eines isotopen Systems basierenden Methoden praktisch keine Rolle mehr. Die Aktivierungsanalyse und die NMR-Spektrometrie als Methoden, bei denen das erhältliche Meßsignal unmittelbar auf den von Isotop zu Isotop qualitativ veränderten Kerneigenschaften beruht, sind die einzigen, bei denen der Bindungszustand ohne Einfluß bleibt.

Da mit nichtmassenspektrometrischen Methoden die hohe Präzision der Meßergebnisse mit Massenspektrometern meist nicht erreicht wird, werden sie vor allem zur Auswertung von Experimenten mit stabilisotopen Tracern eingesetzt. Die größte Verbreitung hat die emissionsspektrometrische ^{15}N-Analyse in der biowissenschaftlichen Forschung gefunden. Dazu sind im Zentralinstitut für Isotopen- und Strahlenforschung, Leipzig, die Geräte der NOI-Serie sowie der Automat Isonitromat 5200/5201 entwickelt worden.

Keywords

activation analysis; emission spectroscopy; isotope ratio; nitrogen 15; nuclear magnetic resonance; stable isotopes

1. Einleitung

Im Zusammenhang mit den modernen Entwicklungslinien verschiedenster Wissenschaftszweige, so insbesondere der Geowissenschaften, Kosmoswissenschaften und Biowissenschaften, ist der Bedarf an isotopenanalytischen Meßwerten in stetem Steigen begriffen. *Justus Mühlenpfordt* hat, diesen Trend erkennend, schon vor mehr als zwei Jahrzehnten seine Mitarbeiter immer wieder ermuntert, nach Alternativen für die massenspektroskopische Isotopenanalyse zu suchen und Methoden zu entwickeln, die es gestatten, mit vergleichsweise einfacheren Geräten, die in den Laboratorien auch für andere analytische Zwecke zur Verfügung stehen, Isotopenanalysen auszuführen. Eines der eindruckvollsten Beispiele hierfür ist die refraktometrische Deuteriumanalyse an Wasser [1]. Die hierbei erreichbare Reproduzierbarkeit der Meßwerte ist, zumindest im Bereich > 20 Atom-% D, der massenspektrometrischen ebenbürtig. Heute spielen solche Methoden zur Isotopenanalyse, die Dichte-, Viskositäts- und Dampfdruckunterschiede zur Gewinnung von Meßsignalen benutzen, in der Meßpraxis kaum noch eine Rolle; sie sollen deshalb hier auch nicht betrachtet werden.

Neben dem apparativen Aufwand sind für die Anwendbarkeit einer isotopenanalytischen Methode für einen ganz bestimmten Zweck die notwendige Probenmenge und die erreichbare Reproduzierbarkeit entscheidende Parameter. Die Richtigkeit der Meßwerte ist ebenso wie bei der Massenspektrometrie durch Eichung bzw. Messung gegen Standard zu sichern.

Eines der entscheidenden, weitgehend ungelösten Probleme der Isotopenanalytik insgesamt besteht darin, daß alle bisher angewandten Methoden das Element, dessen Isotopenhäufigkeit bestimmt werden soll, in definierter chemischer Bindung, oft in elementarer Form oder als einfache anorganische Verbindung, fordern. Ist dies nicht der Fall, so wirkt sich das zumindest auf die sichere Identifizierbarkeit des Meßsignals aus und verschlechtert die Reproduzierbarkeit und/oder die Richtigkeit der Meßergebnisse. Eine Ausnahme bilden hierbei nur die aktivierungsanalytischen und NMR-spektroskopischen Verfahren der Isotopenanalyse, bei denen nicht (primär) der Unterschied in den Kernmassen oder -volumina zur Gewinnung der isotopenspezifischen Meßsignale führt, sondern die qualitativen Unterschiede in den Kerneigenschaften der Isotope ein und desselben Elementes.

Eine vor allem im Hinblick auf eindeutige Zuordenbarkeit der erhaltenen Meßsignale sinnvolle Einteilung isotopenanalytischer Methoden ist diejenige nach der Ausnutzung kolligativer oder spezifischer Eigenschaften eines Systems, wie sie *Müller* und *Mauersberger* [2] sowie *Wetzel* [3] getroffen haben.

2. Neuere Entwicklungen der nichtmassenspektrometrischen Isotopenanalyse

Obgleich die Aktivierungsanalyse eine isotopenanalytische Methode ist und der Anwender erst mittels relativer Isotopenhäufigkeitswerte zu Angaben über Elementgehalte

[1]) Anschrift: 7050 Leipzig, Permoserstr. 15

gelangen kann, wird sie zur Bestimmung von relativen Isotopenhäufigkeiten oder Isotopenverhältnissen nur in speziellen Fällen eingesetzt. Die Ursachen hierfür sind vielfältig. Sollen die relativen Häufigkeiten aller Isotope eines Elements bestimmt werden, so muß für alle Isotope eine Kernreaktion existieren, deren radioaktive Produkte mit hinreichender Präzision gegen einen Standard gemessen werden können. Sollen die Isotopenverhältnisse ausgewählter Isotope ermittelt werden, genügt die Aktivierung und Messung der zur Verhältnisbestimmung ausgewählten Isotope ebenfalls gegen einen Standard. Die Häufigkeit eines Isotops im Vergleich mit einem Standard zu bestimmen, ist mittels Kernreaktion und Messung des Reaktionsprodukts möglich, wenn die Gesamtmasse des Elements in Probe und Standard bekannt oder mit einer anderen (chemischen) Methode ermittelt worden ist. Die mit der massenspektrometrischen Isotopenanalyse erreichte Präzision wird von der Aktivierungsanalyse in einigen Fällen nur dann erreicht, wenn vergleichsweise große Probenmengen eingesetzt werden können. Dies ist darauf zurückzuführen, daß bei der massenspektrometrischen Messung die Zahl der registrierten Ereignisse je Zeiteinheit (bei gleicher Probenmenge) im Vergleich zur Aktivierungsanalyse um den Faktor $10^4 \dots 10^6$ höher ist.

Unter Nutzung der Kenntnis bzw. Bestimmung des Gesamtelementgehaltes an Fe und Ca haben *Schmidt* und *Riley* jr. [4] die relative Häufigkeit des ^{58}Fe ($^{58}Fe(n, \gamma)^{59}Fe$) zu (0,283 $\pm$ 0,010) Atom-% und *Corless* [5] die des ^{48}Ca ($^{48}Ca(n, \gamma)^{49}Ca \xrightarrow{\beta^-} {}^{49}Sc$) in Zähnen aktivierungsanalytisch bestimmt. Im Vergleich mit einem $CaCO_3$-Standard wurden für die untersuchten Zähne δ-Werte [‰] (^{48}Ca/Gesamt Ca) von $-4{,}0 \dots -4{,}8$ ($\pm 1{,}5$) gefunden. *Mafra* et al. [6] ermittelten unter Nutzung der fission-track-Technik bei Bestrahlung in einer ^{252}Cf-Quelle den ^{235}U-Anreicherungsgrad von Uranproben. Ohne vorherige chemische Behandlung bestimmten *Engelmann* et al. [7] das Isotopenverhältnis $^{18}O/^{16}O$ in biologischen Proben, bei denen 15 Atom-% ^{18}O enthaltendes Wasser zu Traceruntersuchungen eingesetzt worden war. Die Methode basiert auf der Aktivierung mit Bremsstrahlung unter Nutzung der Reaktionen $^{16}O(\gamma, n)^{15}O$ und $^{18}O(\gamma, p)^{17}N$ und Messung der Annihilationsstrahlung des ^{15}O sowie der Neutronenstrahlung des ^{17}N. Die erreichte Reproduzierbarkeit der Meßwerte betrug 5% (relativ), wobei von den Autoren eingeschätzt wird, daß mit einer besser adaptierten Meßeinrichtung 1 bis 2% erreicht werden könnten.

Durch Messung der prompten γ-Strahlung bei Reaktionen mit Protonen haben *Malanify* et al. [8, 9] die Isotopenverhältnisse $^{13}C/^{12}C$ und $^{15}N/^{14}N$ zur Auswertung von Tracerexperimenten bestimmt. *Brown* et al. [10] haben durch Aktivierung mit 1,37-MeV-Protonen und Messung der prompt emittierten α-Teilchen unter Nutzung der Kernreaktionen $^6Li(d, \alpha)^4He$, $^7Li(d, \alpha)^5He(n)^4He$ sowie $^7Li(d, n)2\alpha$ eine Methode zur Bestimmung der relativen Isotopenhäufigkeiten des Li in natürlichen Proben entwikkelt. Die hierbei erreichte Reproduzierbarkeit von 1% (rel.) für das Isotopenverhältnis $^7Li/^6Li$ ist wegen der hohen Fraktionierungseffekte in der Ionenquelle mit massenspektrometrischer Messung nur außerordentlich schwer zu erreichen.

Untersuchungen zur Isotopenanalyse leichter Elemente mittels *Raman*streuung bei Nutzung eines Lasers als intensive monochromatische Lichtquelle [11–13] lassen erkennen, daß hierbei, insbesondere wenn Laser hoher Leistung verwendet werden können, Präzisionen erreicht werden, die denen der Massenspektrometrie nicht nachstehen ($\geq$ 0,1% für die Isotopenverhältnisse des $^{15}N/^{14}N$ sowie $^{18}O/^{16}O$). Die benötigten Probenmengen ($\geq$ 0,03 ml NTP) liegen z. T. unter denen, die für die Massenspektrometrie erforderlich sind. Der apparative Aufwand für die Messungen steht jedoch dem des Massenspektrometers kaum nach, und so darf bezweifelt werden, daß der einzige wesentliche Vorteil dieser Methode, nämlich daß die Probe unverändert erhalten bleibt, ein ausreichendes Stimulans für eine breite Nutzung ist.

Die Methode der gaschromatographischen Trennung isotoper Spezies und deren Nachweis auf Grund der Unterschiede in ihrer thermischen oder elektrischen Leitfähigkeit hat zu beachtlichen Ergebnissen für die Analyse der Isotope des Wasserstoffs geführt. Mit Hilfe oberflächenbeschichteter oder mit Molekularsieb gefüllter Kapillarsäulen gelang es *Mohnke* [14, 15], die isotopen Spezies des Wasserstoffs sowie CH_4 und CD_4 auf diese Weise vollständig zu trennen. Über die Verfahren zur katharometrischen Isotopenanalyse von ^{15}N und ^{13}C berichten *Strolin-Benedetti* et al. [16]. Dabei wird die Gaschromatographie nur zur Trennung der Meßgase N_2 bzw. CH_4 von Verunreinigungen benutzt, und als Trägergase werden die gleichen Gase, d. h. N_2 oder CH_4, jedoch mit natürlicher Isotopenzusammensetzung, verwendet. Das erhaltene Meßsignal ist dabei proportional dem über den natürlichen Anteilen an ^{13}C bzw. ^{15}N liegenden Gehalt der als Gasstoß eingeführten Probe. Bei einer notwendigen Probenmenge von 70 bis 100 µg erhält man Reproduzierbarkeiten der Meßergebnisse von $\pm 0{,}01 \dots 0{,}1$%.

Von *Zaidel* und *Korennoi* [17] sowie *Manning* und *Slavin* [18] ist gezeigt worden, daß die spektroskopische Isotopenverschiebung bei der Atomabsorptionsspektrometrie prinzipiell eine Isotopenanalyse ermöglicht. Die geringen Verschiebungen, die mit 0,15 Å für $^6Li-^7Li$ am größten sind, führen jedoch zu beachtlichen apparativen Schwierigkeiten. Daher ist es erklärlich, daß die bisherigen experimentellen Untersuchungen auch auf die Isotopenanalyse an Li beschränkt blieben.

Unter den nichtmassenspektrometrischen Isotopenanalysen nimmt die emissionsspektrometrische Methode insbesondere für die Stickstoffisotopenanalyse wegen ihrer verhältnismäßig breiten Anwendung bei biowissenschaftlichen Traceruntersuchungen eine besondere Stellung ein. Ihre Entwicklung soll deshalb im folgenden etwas detaillierter dargelegt werden.

3. Emissionsspektrometrie

Mit der Methode der Emissionsspektrometrie lassen sich im Prinzip relative Isotopenhäufigkeiten sehr vieler Elemente bestimmen. Die Wirtschaftlichkeit und Effektivität ist von mehreren Parametern abhängig. Eine große Rolle spielen dabei der Kompliziertheitsgrad einer stabilen Anregung zur Lichtemission und die Größe des Isotopieeffektes.

Die Bestimmung der relativen ^{15}N-Häufigkeit mittels Emissionsspektrometrie geht zurück auf *Michael Hoch* und *Hermann-Rolf Weisser* vom Physikalisch-chemischen Institut der Universität Zürich, die 1950 in der „Helvetia Chimica Acta" ihre Arbeit „Eine spektroskopische Mikromethode zur Bestimmung von ^{15}N" veröffentlichten [19]. Die Methode basiert auf der Ausnutzung der relativ großen Isotopieeffekte im Rotations-Schwingungsspektrum von molekularem Stickstoff, der mittels Hochfrequenz in Gasentladungsrohren zur Lichtemission angeregt wird. Dabei werden immer die nach dem UV abschattierten Banden des zweiten positiven Systems $C^3\pi - B^3\pi$ benutzt. Die

Wellenlängen der Banden sind präzise bekannt und liegen bei:

Bande	$^{14}N_2$	λ, Å $^{14}N^{15}N$	$^{15}N_2$
2 – 0	2976,8	2982,9	2988,62
1 – 0	3159,3	3162,9	3166,16
0 – 0	3371,3	3371,41	3371,5
0 – 1	3576,9	3573,26	3569,15
0 – 2	3804,9	3796,55	3788,7
1 – 3	3755,4	3748,13	3741,3

Es gehört zu den Verdiensten von Justus Mühlenpfordt, die Bedeutung der Tracertechnik mit stabilen Isotopen in ihrer ganzen Breite (Herstellung, Anwendung, Analytik) erkannt und wertvolle Beiträge für ihre weltweite Einführung geleistet zu haben. Stickstoff als essentielles Element der belebten Natur hat insbesondere für die Landwirtschafts- und biologischen Wissenschaften eine hervorragende Bedeutung.

Seit 1956 wird in unserem Institut (damals Institut für physikalische Stofftrennung) an der Entwicklung einfacher und leicht handhabbarer Methoden für die Bestimmung der relativen ^{15}N-Häufigkeit gearbeitet [20]. In Tab. 1 sind die wesentlichen Entwicklungsetappen der emissionsspektrometrischen ^{15}N-Analysenmeßtechnik im Zentralinstitut für Isotopen- und Strahlenforschung, Leipzig, angegeben. Ab 1960 wurde von der photographischen Spek-

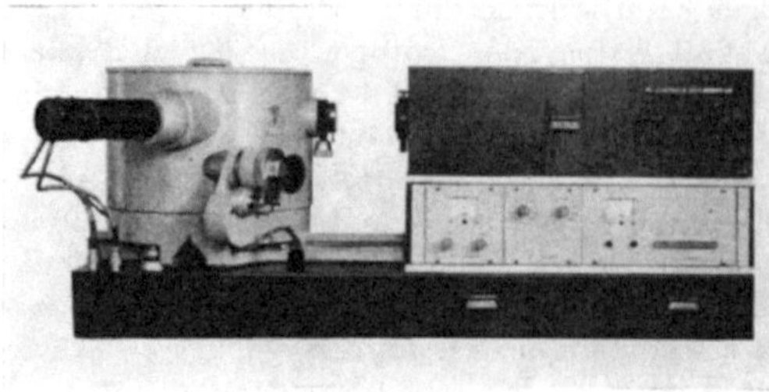

Abb. 1 NOI-5

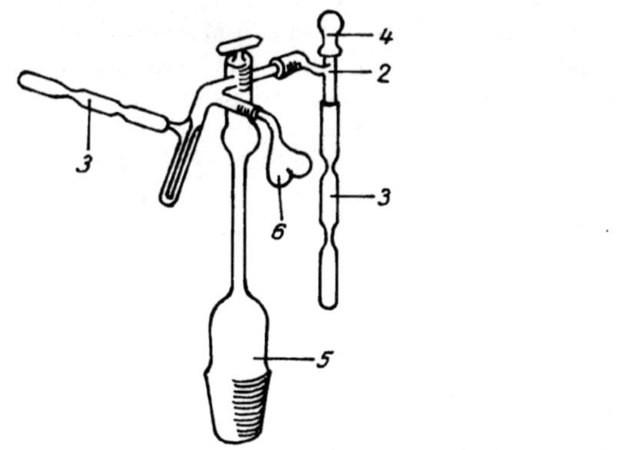

Abb. 2 Universalapparatur zur ^{15}N-Probenchemie nach *H. Faust*
2 – T-Stück (Kippschenkel); 3 – Entladungsrohr; 4 – Verschlußkappe; 5 – Vakuumansatzstück; 6 – Reaktionskölbchen

Tab. 1. Zur Entwicklung der emissionsspektrometrischen ^{15}N-Analytik im ZfJ

Jahr	Typ	Charakteristische Merkmale wie optische Geräte	 Spektrenregistrierung und Auswertung	Zeit für eine Routineanalyse phys.-elekt.	 Probench.	probenchem. Umarbeit. von NH_4 zu N_2/Probenmenge
1958		Quarzspektrograph Q 24, ISP 28	photographische Registrierung, Schnellphotom., aus unterschiedlichen Belichtungszeiten → ^{15}N-Konzentration über Eichkurve	3 h	1 h	*Kjeldahl*aufschluß + *Rittenberg*methode 100 μg N
1960		Spiegelmonochromator SPM-1	wie oben, jedoch Benutzung eines Stufenfilters aus unterschiedl. Filterstufen → ^{15}N-Konz.	1 h		
1961	NOI-2		SEV-Verstärker-Schreiber, Peakhöhenmessung mit Lineal → ^{15}N-Konz.	10 min		*Dumas*-Prinzip (CuO/CaO)
	bis					
1966	NOI-4		SEV-Verstärker-Schreiber, einfacher Wellenlängenantrieb, autom. Verstärkerbereichsumschalter, erster Kompaktaufbau		10 min	Universalapp. zur ^{15}N-Probenchemie nach *Faust* 10 μg N
1969	NOI-5		Lock-in-Verstärker, Tischgerät	10 min	10 min	spez. Mikroverf. ≧ 0,2 μg
1972 1974	Isonitromat		Schwingspaltverfahren, elektron. Spektrenauswertung, digit. Meßwertanzeige, integr. Probenchemie, eingeschränkter ^{15}N-Meßbereich: 0,36 ... 30 At.-% ^{15}N, autom. Analysator mit Probenspeicher	3 min für Doppelbestimm. einer Probe		autom. Probenchemie nach *Rittenberg*, System mit Schlauchpumpe, 120 μg N, Durchflußgasentladungsrohr
1980	NOI-6	Gittermonochromator	Schwingspaltverfahren, elektron. Spektrenauswertung $2^{14}N_2 + {}^{14}N^{15}N = 10$ V const. → ^{15}N in At.-% $\triangleq$ $^{14}N^{15}N$-Signal, Meßbereich: 0,36 ... 80 At.-% Integr. Probenchemie und Messung abgeschmolz. Probenrohre, digit. Meßwertanzeige, Tischgerät	15 s für abgeschmolz. Proben 150 s mit integr. Probenchemie		integr. Probenchemie ohne Schlauchpumpe 10 μg N Durchflußgasentlad.-rohr

trenregistrierung und -auswertung zur elektronischen Spektrenregistrierung mittels SEV und Schreiber übergegangen, was die Methode wesentlich vereinfachte und verbesserte [21, 22]. Es entstanden aufgrund des Bedarfs die ersten kommerziell gefertigten ^{15}N-Analysatoren der NOI-Geräteserie, die bis zum Gerätetyp NOI-5 (Abb. 1) weiterentwickelt wurden [23]. Der heute auf dem internationalen Markt von der Firma Jasco (Japan) angebotene ^{15}N-Analysator NIA-1 arbeitet nach dem gleichen Prinzip und ist dem NOI-5 recht ähnlich.

Da in den verschiedensten, meist organischen Verbindungen vorliegender Stickstoff auf seine relative Isotopenhäufigkeit untersucht werden muß, jedoch für die Isotopenanalyse molekularer Stickstoff erforderlich ist, wurden neben den Meßgeräten gleichzeitig Routinemethoden zur Überführung des in Verbindungen vorliegenden Stickstoffs zu molekularem Stickstoff entwickelt [24].

Das Produkt des am häufigsten angewandten *Kjedahl*-Verfahrens sind Ammoniumsalze. Das bei dieser Methode eine zentrale Stellung einnehmende NH_4^+ wird mittels Natriumhypobromit nach der Methode von *Rittenberg* oder auch mittels Kupferoxid/Calciumoxid nach dem *Dumas*-Prinzip zu elementarem Stickstoff umgewandelt. Für diesen Prozeß wurde von *Faust* eine Universalapparatur zur ^{15}N-Probenchemie (Abb. 2) entwickelt, die sich in der Praxis vielfach bewährt und bis heute große Verbreitung gefunden hat [25]. Die nicht zuletzt durch diese relativ einfachen Routinemeßverfahren verbreitete ^{15}N-Tracertechnik wurde mehr und mehr insbesondere auf den Gebieten der Landwirtschafts- und Biowissenschaften sowie der Veterinärmedizin angewandt. Durch Großversuche stiegen die Forderungen in bezug auf Analysen pro Zeiteinheit derart, daß ein neues, schnelleres Meßverfahren erforderlich wurde. Durch die Idee, den Spektrenausschnitt durch einen schwingenden Austrittsspalt an einem Spiegelmonochromator abzutasten, gelag es, das bislang mit einem Schreiber registrierte Spektrum auf einem Oszillographen darzustellen [26]. Die elektronische Verarbeitung dieses Signals mittels elektronischer Schalter, Peak-Detektoren, eines kleinen Analogrechners und schließlich eines Funktionsgenerators bis zum korrigierten Meßwert in Atom-% ^{15}N ergab einen qualitativen Sprung insbesondere hinsichtlich der erforderlichen Meßzeit und damit von dieser physikalischen Seite her die gewünschte Steigerung des Probendurchsatzes pro Zeiteinheit [27]. Wird das Spektrum mit dem NOI-5 in fünf Minuten registriert und in weiteren ca. drei Minuten bis zum fertigen ^{15}N-Wert in Atom-% ausgewertet, so dauert dieser gesamte Prozeß mit dem Schwingspaltverfahren nur wenige Sekunden bis zur digitalen Anzeige des ^{15}N-Meßwertes in Atom-%.

Es verblieb die Aufgabe, die Herstellung molekularen Stickstoffs aus Ammoniumsalzen – dieser Prozeß wird allgemein als Probenchemie bezeichnet – dieser physikalisch möglichen Meßgeschwindigkeit anzupassen. Im Ergebnis dieser Entwicklung entstand 1972 der Analysenautomat „Isonitromat 5200 bzw. 5201" [28]. Die Funktionsweise ist aus Abb. 3 ersichtlich. Aus den in einem Probenspeicher befindlichen Probengläschen werden mit dem Probennehmer Ammonsalzlösungen entnommen, die über die Natriumhypobromitreaktion zu molekularen Stickstoff umgewandelt werden. Nach He-Zusatz, Trennung der gasförmigen von der flüssigen Phase des Gemisches, Trocknung des Gases und entsprechender Druckminderung durch Drosselkapillaren wird das Gas im HF-Generator zur Lichtemission angeregt. Nach der Zerlegung des Lichtes in seine Spektralanteile mittels eines Monochromators werden die Bandenköpfe der 2-0-Bande des Stickstoff-Spektrums mit dem mit ca. 80 Hz schwingenden Spalt periodisch abgetastet und über einen SEV in elektrische Signale gewandelt, aus denen schließlich über eine geeignete Signalgewinnungseinheit und einen Analogrechner der ^{15}N-Meßwert erhalten, digital angezeigt und ausgedruckt wird. Der probenchemische Prozeß ist zeitgesteuert, während der physikalische Meßprozeß vom

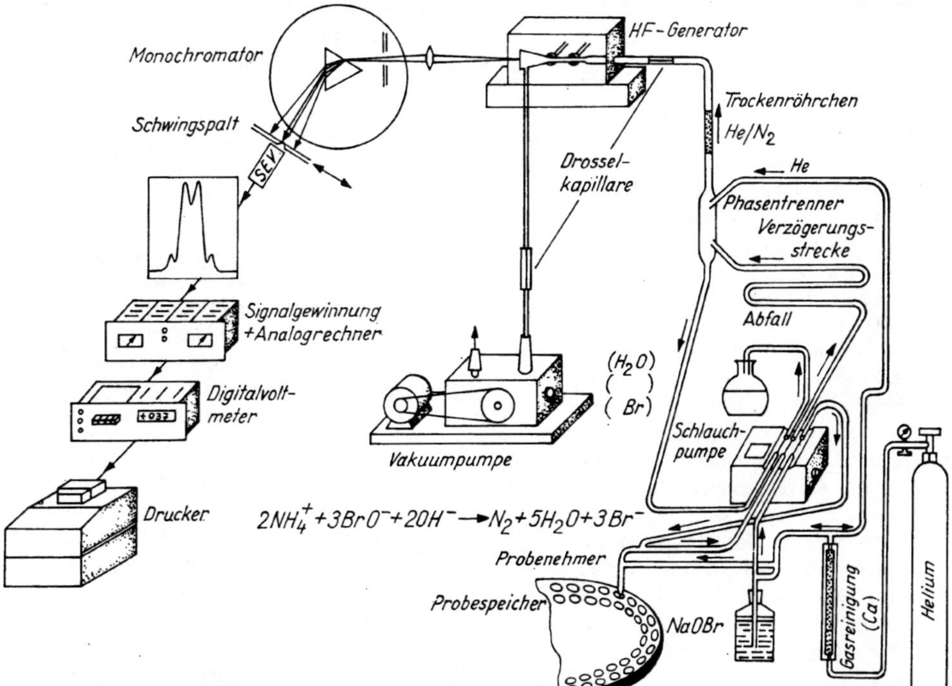

Abb. 3 Funktionsschema des Analysenautomaten NA-5A bzw. Isonitromat

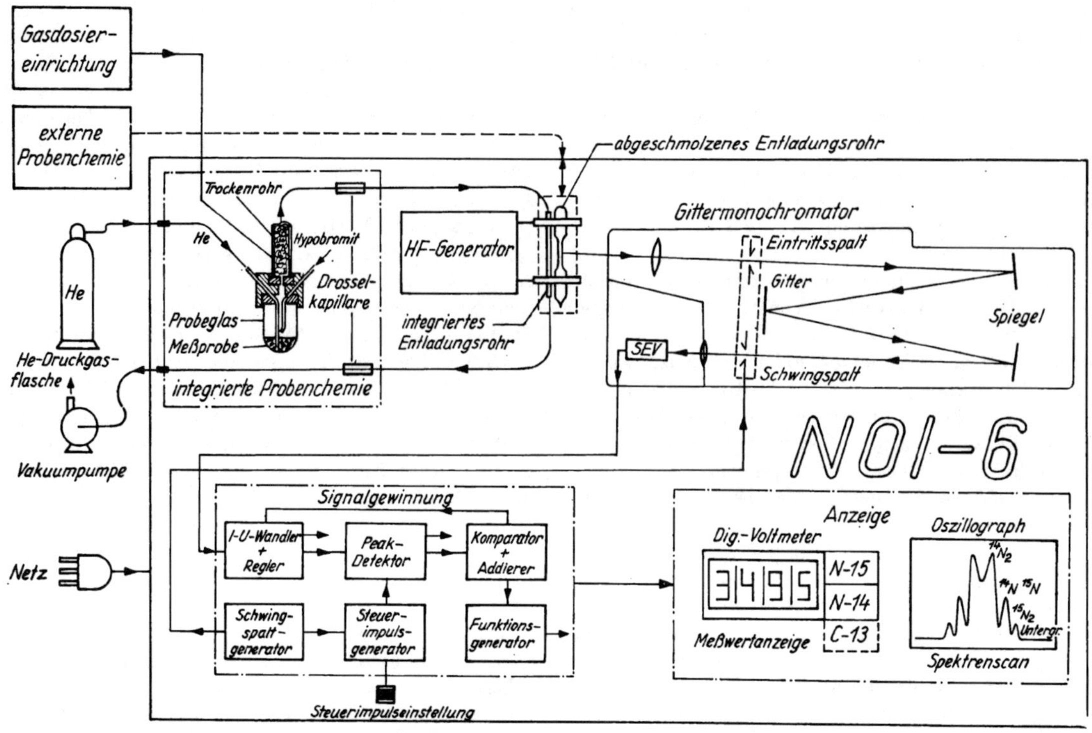

Abb. 4. Funktionsschema des NOI-6

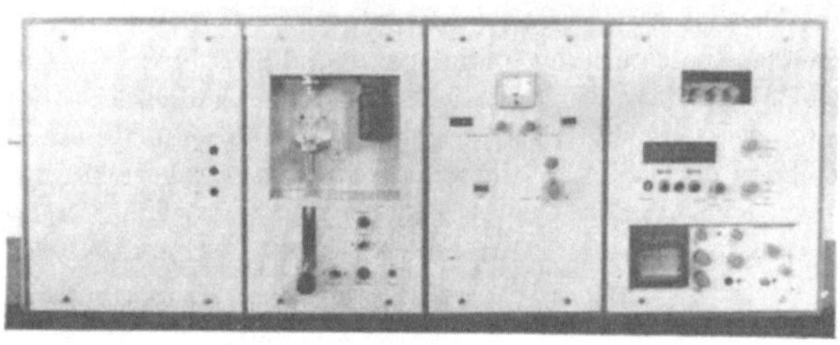

Abb. 5. Erstes Modell des NOI-6-Analysators

Probendurchlauf ab durch das Gasentladungsrohr funktionsgesteuert erfolgt. Ausgehend von der Ammonsalzlösung bis zum ausgedruckten ^{15}N-Meßwert werden für eine Doppelbestimmung an einer Meßprobe, die 120 µg N enthalten muß, drei Minuten benötigt, wobei der Meßprozeß völlig automatisch abläuft. Die Probe muß als klare Ammoniumsalzlösung (0,6 ml) vorliegen. Der Fehler des Meßwertes beträgt ($\pm$1,5% relativ $\pm$0,01 Atom-%) ^{15}N bei einem Vertrauensbereich von 95%. Es können Proben im Bereich von 0,365 bis 30 Atom-% ^{15}N analysiert werden. Dieses Gerät ist durch den hohen Automatisierungsgrad relativ teuer und wartungsaufwendig, so daß es für kleinere Institute uneffektiv ist, sich diesen Analysator mit einem solch hohen Probendurchsatz von 20 h^{-1} anzuschaffen. Um den gestiegenen Anforderungen hinsichtlich Bedienkomfort, Probenmenge, Meßgeschwindigkeit und auch ^{15}N-Meßbereich Rechnung zu tragen, wurde in letzter Zeit das Meßgerät NOI-6 entwickelt. In Abb. 4 ist das Funktionsschema und in Abb. 5 das erste Modell dargestellt. Wie aus den Bildern zu ersehen ist, handelt es sich um ein handbedientes Tischgerät mit folgenden charakteristischen Unterscheidungsmerkmalen gegenüber den kommerziellen ^{15}N-Analysatoren:

- Der NOI-6 arbeitet mit einem Gittermonochromator unter Anwendung des Schwingspaltprinzips.
- Im Analysator NOI-6 sind ein neuartiges probenchemisches System und ein Entladungsrohr integriert, womit es möglich ist, Ammonsalzlösungen direkt in dem Analysator bis zum korrigierten ^{15}N-Meßwert zu bearbeiten, bei Probenmengen von 10 µg N und Meßzeiten von 2,5 Minuten.
- Ohne Umrüstung ist in einem zweiten Betriebsregime die Messung abgeschmolzener Entladungsrohre bei Probenmengen bis hinab zu 1 µg und Meßzeiten um 15 Sekunden durchführbar.
- Das Gerät besitzt weiterhin einen integrierten Oszillographen sowie ein Digitalvoltmeter zur Meßwertanzeige.
- Der Schwingspalt tastet einen Spektralbereich von etwa 1 bis 4 nm ab. Innerhalb dieses Spektrenscans sind vier Tastimpulse konstanter Breite frei einstellbar, so daß das Gerät vom Prinzip her multivalent einsetzbar ist.
- Der ^{15}N-Meßbereich erstreckt sich aufgrund einer neuartigen Signalverarbeitung von 0,365 bis 80 Atom-% ^{15}N ohne Wellenlängenumschaltung.
- Außer dem Netzanschluß und außer Vorvakuumpumpe, He-Trägergas und Natriumhypobromit (als Reaktionsmittel) bei Arbeiten mit dem integrierten probenchemischen System sind keine weiteren Hilfsmittel erforderlich.

Der Meßfehler des Analysators wurde — wie beim vorangegangenen Typ — zu ($\pm$1,5% relativ $\pm$0,01 Atom-%) ^{15}N bei einem Vertrauensbereich von 95% ermittelt. Mit den angegebenen Eigenschaften entspricht der ^{15}N-Analysator NOI-6 den heutigen Anforderungen der Anwender der ^{15}N-Tracertechnik.

4. Einschätzung der zukünftigen Entwicklung

Es muß, den heutigen Entwicklungsstand der massenspektrometrischen und nichtmassenspektrometrischen Isotopenmeßtechniken resümierend, angenommen werden, daß mit anderen physikalischen Prinzipien die mit Massenspektrometern erreichbare Präzision der Meßergebnisse auch zukünftig nur in Ausnahmefällen erreicht wird. Einige der nichtmassenspektrometrischen Methoden besitzen jedoch günstige Voraussetzungen für eine weitgehende Automatisierung des Meßvorgangs (vgl. 3). bzw. für eine kontinuierliche Messung der Isotopenhäufigkeit in einem strömenden Produkt [1, 29, 30]. Gelingt es zukünftig, bei der instrumentellen Aktivierungsanalyse das Signal/Rausch-Verhältnis der energieselektiven Aktivitätsmessung weiter zu verbessern, so sind hochpräzise Messungen der Isotopenhäufigkeiten an Mikrokomponenten in komplexen Matrices möglich.

In der Kopplung Gaschromatographie/Katharometrie ist für die N-Isotopenanalyse eine brauchbare Konkurrenzmethode für die Emissionsspektrometrie zu sehen. Die Chance einer breiten Anwendung ist der $^{13}C/^{12}C$-Isotopenanalyse durch Gaschromatographie/Kartharometrie kaum einzuräumen, da die Herstellung des Meßgases CH_4 zu aufwendig erscheint.

Speziell für die Isotopenanalyse zur Auswertung von Experimenten mit stabilisotopen Tracern wird sich der Trend zur Anwendung im Vergleich mit dem Massenspektrometer einfacherer, speziell an die Aufgabe angepaßter Verfahren fortsetzen. Methoden, die es gestatten, Geräte zu benutzen, die auch für andere Meßzwecke in Laboratorien weit verbreitet sind, werden dabei die größten Chancen einer breiten Anwendung besitzen. Wahrscheinlich wird auch, zumindest in naher Zukunft, die emissionsspektrometrische Isotopenanalyse für Stickstoff und vielleicht Kohlenstoff neben der Massenspektrometrie eine zentrale Stellung einnehmen.

Eingegangen am 24. 9. 1980

Literatur

[1] *W. Rolle*, Refraktometrische Deuterium-Analyse am Wasser, in: Abh. d. Dt. Akad. d. Wiss. zu Berlin, Klasse für Chemie, Geologie, Biologie Nr. 7, 1964, S. 477, Akademie-Verlag, Berlin 1965

[2] *G. Müller, K. Mauersberger*, Analyse stabiler Isotope durch spezielle Methoden, Akademie-Verlag, Berlin 1969

[3] *K. Wetzel*, Proc. of a Techn. Committee Meeting "Stable Isotope in the Life Sciences", Leipzig 1977, IAEA Vienna 1977, p. 141

[4] *P. F. Schmidt, J. E. Riley*, jr., Anal. Chem. **51** (1979) 306

[5] *J. T. Corless*, Anal. Chem. **38** (1966) 810

[6] *O. Y. Mafra, M. F. Cesar, L. P. Geraldo, E. M. Tanaka, C. Renner*, Nucl. Instr. and Meth. **143** (1977) 117

[7] *Ch. Engelmann, G. Filippi, J. Gosset, F. Moreau*, J. of Radioanal. Chem. **37** (1977) 559

[8] *D. A. Close, J. J. Malanify, C. J. Umbarger*, Nucl. Instr. and Meth. **113** (1973) 561

[9] *J. J. Malanify, D. A. Close*, Nucl. Instr. and Meth. **118** (1974) 293

[10] *L. Brown, R. S. Rajan, R. B. Roberts, F. Tera, D. J. Whitford*, Nucl. Instr. and Meth. **156** (1978) 541

[11] *R. C. Harney, F. P. Milanovich*, Rev. Sci. Instr. **46** (1975) 1047

[12] *S. D. Bloom, R. C. Harney, F. P. Milanovich*, Applied Spect. **30** (1976) 64

[13] *R. C. Harney, S. D. Bloom, F. P. Milanovich*, Stable isotope ratio measurements in Hydrogen, Nitrogen, and Oxygen using Raman scattering, UCRL-76743 (1975)

[14] *M. Mohnke*, Abh. d. Dt. Akad. d. Wiss., Klasse f. Chemie, Geologie und Biologie Nr. 7, 1964, Akademie-Verlag Berlin 1965

[15] *M. Mohnke*, Diss.-Schrift „Adsorptions-Kapillarchromatographie zur Untersuchung von Isotopeneffekten", AdW d. DDR 1976

[16] *M. Strolin-Benedetti, S. Perczel, P. Strolin, J. Quaglia, D. A. Larue A. Assandri*, A new method for the determination of ^{15}N and ^{13}C for excretion balance studies of foreign compounds, in: *E. R. Klein, P. D. Klein* (Ed.), Proc. of the sec. Int. Conf. on stable isotopes, Oak Brook 1975, Nat. Techn. Inf. Serv. Springfield, Va.

[17] *A. N. Zaidel, E. P. Korennoi*, Opt. i Spektr. **10** (1961) 299

[18] *D. C. Manning, W. Slavin*, Atomic Absorpt. News Lett. **1** (1962) 39

[19] *M. Hoch, H. R. Weisser*, Helv. Chim. Acta **33** (1950) 2128

[20] *H. Zahn*, Optik aller Wellenlängen, Berlin 1959, S. 58

[21] *G. Meier*, Kernenergie **3** (1960) 903

[22] *G. Meier, G. Müller*, Isotopenpraxis **1** (1965) 53

[23] VEB Statron Fürstenwalde, Firmendruckschrift „Der ^{15}N-Analysator NOI-5"

[24] *H. Faust*, Isotopenpraxis **18** (1965) 313

[25] Isocommerz-Informationsblatt 5/72

[26] *G. Meier*, Feingerätetechnik **10** (1975) 460

[27] *G. Meier*, WP 72598 20. 06. 68

[28] *H. Gerstenberger* u. a., GIT Mai 1974, S. 452–455; Juni 1974 Seiten 457–549

[29] *V. K. Khistianov, V. J. Vernadski*, Isotopenpraxis **3** (1967) 235

[30] *V. P. Guinn, H. R. Lukens*, Trans. Amer. Nucl. Soc. **1966**, 106

Originalarbeiten

Untersuchungen zur regionalen Ausbreitung von Schadstoffen mit Hilfe technogener Isotopenvariationen

I. Maaß, G. Weise

(Zentralinstitut für Isotopen- und Strahlenforschung der AdW, Leipzig[1])

Herrn Prof. Dr.-Ing. *Justus Mühlenpfordt* zum 70. Geburtstag gewidmet

Bei der Salpetersäureherstellung durch Verbrennung von Ammoniak und anschließender Absorption der nitrosen Gase treten in den einzelnen Stufen des Produktionsprozesses Isotopieeffekte am Stickstoff auf, die insbesondere in den nichtabsorbierten Restgasen zu einer erheblichen Verarmung an ^{15}N führen. Die auf ihren ^{15}N-Gehalt hin untersuchten Pflanzen aus der Umgebung einer Salpetersäureanlage waren jedoch nicht als Indikator für emittierte Stickoxide geeignet. Die im Regen enthaltenen geringen emittierten Stickoxidmengen reichten nicht aus, um signifikante Abweichungen im ^{15}N-Gehalt der eingesetzten Pflanzen hervorzurufen. Isotopenmessungen am Nitratstickstoff des Regenwassers haben ergeben, daß der ermittelte Washout-Effekt mit den bekannten Abschätzformeln in Einklang steht und daß die größte Menge an Nitrat im Regenwasser nicht aus den Salpetersäureanlagen, sondern aus anderen Quellen stammt.

Keywords

environment; industry; isotope dilution; isotope ratio; nitrogen 15; nitrogen oxides; pollution

Variationen der Isotopenzusammensetzung in der Geosphäre haben sich nicht nur im Laufe von Jahrmillionen durch tiefgreifende und langdauernde geologische und geochemische Prozesse der Stoffumwandlung und Stoffverlagerung herausgebildet, sondern sie waren – und sind auch heute noch – in gewissen Fällen ein Ergebnis der Einflußnahme des Menschen auf die ihn umgebende Natur. Als zwei Ursachen für regional und sogar global nachweisbare Verschiebungen der Isotopenzusammensetzung häufiger Elemente seien genannt:

- massenweise ablaufende chemische Umsetzungen fossilen Materials, wie z. B. die Verbrennung von Kohle, Erdöl und Erdgas in Kraftwerken, Haushalten und Fahrzeugen
- Stoffumwandlungen großen Ausmaßes, die in den Zentren der Chemieindustrie nahezu pausenlos Tag für Tag -zig Tonnen Abprodukte in die Umwelt entlassen.

Die Isotopenzusammensetzung der Endprodukte derartiger chemischer Prozesse wird außer von der Zusammensetzung des Ausgangsmaterials auch von der Technologie des Verfahrens beeinflußt. Insbesondere industrielle Anlagen zur Aufkonzentrierung bestimmter chemischer Verbindungen können, falls dabei ein ausreichend großer Isotopieeffekt auftritt, Endprodukte mit stark voneinander abweichender Isotopenzusammensetzung hervorbringen. Als Beispiel sei die Absorptionsanlage eines chemischen Betriebes zur Salpetersäureherstellung näher betrachtet (Abb. 1).

Die Verbrennungsgase der Ammoniakverbrennung, die als reaktiven Bestandteil im wesentlichen NO enthalten, werden gemeinsam mit Zusatzluft zur Oxydation bei geringfügig gesteigertem Druck zunächst 6 sauer betriebenen Türmen zugeführt, durch die sich im Gegenstrom eine sich durch NO_2-Absorption ständig aufkonzentrierende Salpetersäure bewegt. Der Einspeisungspunkt für Frischwasser befindet sich an dem mit „7" bezeichneten Turm. In allen Türmen wird die Säure ständig umgepumpt. Da das eingespeiste Rohwasser Chlor-Ionen enthält, die zur Anreicherung von Chlorverbindungen im Turm „5" führen, muß dort in bestimmten Abständen chloridhaltige Säure abgeschleust werden. Nach Durchlaufen der sauren Absorptionsstrecke tritt das sogenannte Zwischengas mit noch

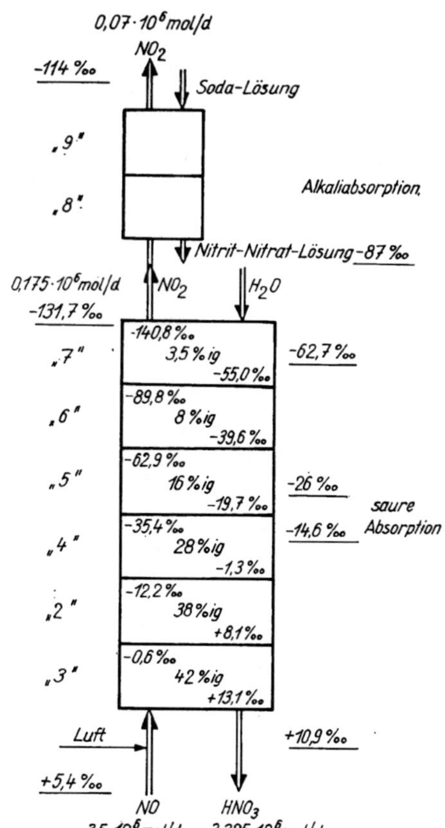

Abb. 1 Salpetersäureanlage (schematisch) mit $\delta^{15}N$-Werten

[1]) Anschrift: 7050 Leipzig, Permoserstraße 15

etwa 5% der Nitrose in zwei alkalisch berieselte Türme ein, in denen das restliche NO_2 mit Natronlauge oder Sodalösung zu einer Nitrit-Nitrat-Lauge umgesetzt wird. Nur etwa 2% des aus der Ammoniakverbrennung stammenden Stickstoffs entsprechend einem Restgehalt von 5 g HNO_3/m^3 verlassen die Anlage als Abgas.

In der in Abb. 1 schematisch dargestellten Batterie von Absorptionstürmen zur sauren Absorption werden gasförmiges NO/NO_2-Gemisch und Salpetersäurelösung veränderlicher Konzentration im Gegenstrom einander zugeführt. Zwischen beiden Phasen vollzieht sich ein Isotopenaustausch bezüglich des Stickstoffs, der das schwerere Isotop ^{15}N bevorzugt zur Salpetersäure transportiert. Das hier vorliegende Austauschpaar NO/HNO_3 ist der präparativen Isotopentrennung gut bekannt, denn es liegt dem klassischen Verfahren zur ^{15}N-Hochanreicherung nach *Spindel* und *Taylor* [1] zugrunde. *Spindel* und *Taylor* geben für den elementaren Trennfaktor des Systems NO/HNO_3 bei 10molarer Salpetersäure und Zimmertemperatur

$$\alpha = 1{,}055$$

an. Das System NO_2/NO_3^- hat nach Berechnungen von *Spindel* aus spektroskopischen Daten [2] einen um 45% kleineren Trennparameter; wir setzen deshalb dafür

$$\alpha = 1{,}030$$

an. Mit dem Trennfaktorwert 1,035, der die Mischung beider Systeme und eine erhöhte Temperatur von 30 bis 60 °C in der Absorptionsanlage zum Ausdruck bringt, berechneten wir die in Abb. 1 eingetragenen ^{15}N-Werte. Die mit Unterstreichung angegebenen Meßwerte von Proben, die der Anlage unmittelbar entnommen wurden, stimmen damit befriedigend überein. In der Alkaliabsorption liegt das Austauschsystem NO_2/NO_3^- mit ^{15}N-Anreicherung im Nitrat neben dem System NO_2/NO_2^- mit ^{15}N-Verarmung im Nitrit vor. Wegen des mit 90% stark überwiegenden Nitritanteiles in der Nitrit-Nitrat-Lauge hebt die Alkaliabsorption den Anreicherungseffekt der sauren Absorption zum Teil wieder auf, und wir erhalten in den über den Schornstein abgeblasenen Rest-Stickoxiden einen $\delta^{15}N$-Wert von $-114\,‰$ gegen Luftstickstoff.

Es ist bekannt, daß erhöhte Mengen an Stickoxiden nicht nur Vegetationsschäden hervorrufen, sondern daß bei Anreicherung von Nitrationen in Bodenschichten das Nitrat auch in erhöhtem Maße in das Grundwasser eindringen und damit toxische Wirkungen zeitigen kann. Somit sollte also von allgemeinem Interesse sein, Hinweise über die Ausbreitung stickstoffhaltiger Schadstoffe zu bekommen.

Von uns sollte nun untersucht werden, ob Pflanzen zur Ermittlung von Schadstoffverteilungen, also zur Untersuchung über die Ausbreitung solcher Industrieabgase, herangezogen werden können, indem sie die als markierte Verbindung anzusehenden emittierten Stickoxide in ihren Stoffwechsel einbauen. Dies müßte sich nach der Wachstumsperiode in der isotopischen Zusammensetzung der Gesamtpflanze widerspiegeln. Für diese Untersuchungen schlossen wir uns dem Institut für Geographie und Geoökologie der AdW an, das an verschiedenen Standorten im Testgebiet Bitterfeld Senf säte, um diesen als Indikator für Schadstoffe auszuwerten. Senf zeigt ein gutes Speicherverhalten für toxische Stoffe aus der Luft. Wir führten in 5 verschiedenen Abständen vom Emittenten, von etwa 800 m bis 20 km (Abb. 2), Vegetationsversuche in Gefäßen mit Senf und Weizen durch. Weizen zogen wir deshalb mit heran, weil er gegenüber dem Senf im Samen mehr Speicherstoffe in sich trägt und dadurch unter Mangelbedingungen widerstandsfähiger ist als dieser. Gleichzeitig wurden, von Industrieabgasen unbeeinflußt, Versuche im Norden der DDR als Bezugspunkt angesetzt.

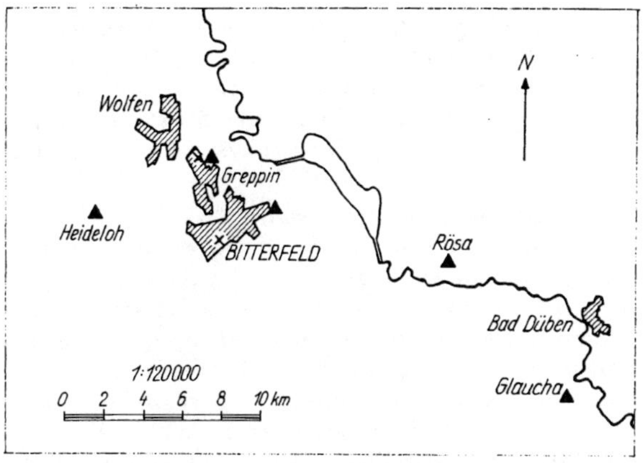

Abb. 2. Kartenskizze des Untersuchungsgebietes
× – Salpetersäureanlage; ▲ – Versuchsstandort

Bei der Anzucht wurde anstelle von Boden stickstofffreier Quarzsand verwandt. Eine Zuleitung von Stickstoff erfolgte nur durch den Stickstoff des Samens, durch das Nitrat der Nährlösung und durch im Regen enthaltenen NH_4^+- und Nitratstickstoff. Geringe Mengen an NH_3 und Stickoxiden können auch durch die dem Gasaustausch dienenden Spaltöffnungen in die Blätter eindringen. Nach dem Keimen wurden die Gefäße mit den Pflanzen in die Natur ausgesetzt und im Stadium der Blüte geerntet, getrocknet und zur Isotopenanalyse aufbereitet. Alle Versuche hatten gleiche Ausgangsbedingungen, und nur die Aufnahme von Stickstoffverbindungen aus der Luft, in der Hauptsache über den Regen, konnte eine unterschiedliche isotopische Zusammensetzung der Pflanze hervorrufen.

Unter Verwendung bekannter Formeln für den Washout-Vorgang [3] berechneten wir näherungsweise die zu erwartenden Mengen an emittierten Stickoxiden im Regenwasser nach der folgenden Zahlenwertgleichung:

$$c_R = \frac{0{,}09 \cdot h \cdot c_A}{\sqrt{n}}$$

c_R – NO_2-Konzentration im Regenwasser (in µg/l); h – Fallhöhe der Regentropfen innerhalb der Abgasfahne (in m); c_A – NO_2-Konzentration in der Abgasfahne (in µg/m³); n – Niederschlagsintensität (in mm/h). Bei einer mittleren Niederschlagsintensität von 1 mm/h, einer Fallhöhe von 110 m durch die Abgasfahne und einer NO_2-Konzentration in der Abgasfahne von 30 µg/m³ sollte der Washout-Effekt nicht mehr als 0,3 mg NO_2 entsprechend 0,1 mg N im Liter Regenwasser immittieren. Testuntersuchungen an Regenwasser, aufgefangen an den Stationen Greppin und Bitterfeld, haben dagegen gezeigt, daß der Nitratgehalt bei 22 mg/l, dies entspricht einem Stickstoffgehalt von 5 mg/l, also um mehr als eine Größenordnung höher lag als die Abschätzung des Washout-Effektes ergeben hatte.

Folgende 2 Ursachen könnten hierfür verantwortlich sein:

– Der Washout-Effekt ist in Wirklichkeit doch größer, was sich in einer wesentlichen Verschiebung des Isotopenwertes im Regenwassernitrat nach negativeren Werten hin niederschlagen müßte, da der $\delta^{15}N$-Wert des emittierten NO_2 gegenüber dem NO_2 anderer Herkunft sehr negativ ist, und zwar $-114\,‰$ gegenüber $+1\,‰$ beträgt.

— Einer geringen Menge immittierten Washout-Nitrats wird Nitrat anderer Herkunft in großer Menge zugemischt; dann müßte sich der Isotopenwert der global in der Atmosphäre vorhandenen Stickoxide im Nitrat des Regenwassers nahezu unverändert wiederfinden lassen.

Man könnte nun die Frage stellen, warum die isotopenanalytischen Untersuchungen nicht direkt am Regenwasser, sondern an Pflanzen durchgeführt wurden. Dies liegt darin begründet, daß der Aufwand besonders für die Isolierung der Stickstoffverbindungen aus dem Regen in so großen Mengen, wie sie für eine Isotopenanalyse notwendig sind, und für die probenchemische Umarbeitung zu elementarem Stickstoff verhältnismäßig groß ist. Die Nutzung von Pflanzen als Indikator wäre dagegen vorteilhafter, allerdings unter der Voraussetzung, daß eine Isotopenverschiebung ausreichender Größe im Nitrat des Regenwassers auftritt, um diese über die Pflanzen nachweisen zu können.

Entsprechend Abb. 3 wurden mit den tatsächlich zugeführten Stickstoffmengen und den dazugehörigen δ^{15}N-Werten Isotopenbilanzen berechnet, um durch Vergleich mit den experimentell ermittelten δ^{15}N-Werten der Pflanze abzuschätzen, inwieweit Stoffwechselprozesse während der Vegetationsperiode Isotopenfraktionierungen hervorgerufen haben könnten, wodurch sich bei der Auswertung der Ergebnisse falsche Schlußfolgerungen ergeben würden.

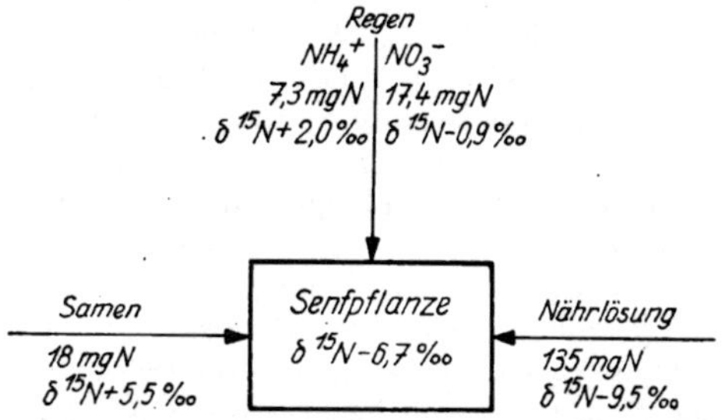

Abb. 3. Isotopenbilanz einer Versuchspflanze

In Tab. 1 sind nur die Ergebnisse dargelegt, die sich auf Pflanzen der Standorte ganz in der Nähe des Emitters und auf solche schadstofffreier Standorte beziehen. Es sollten damit diejenigen Fälle gegenübergestellt werden, von denen die am stärksten abweichenden Ergebnisse zu erwarten sein sollten. Der eingegebene Stickstoff wird nicht quantitativ in der Pflanze wiedergefunden. Dies ist nicht auf einen Verlust von NH_3 durch Abgabe über die Pflanzenoberfläche, die mit einer Isotopenfraktionierung verbunden sein könnte, zurückzuführen, sondern auf einen mechanischen Verlust durch Verwehen von vertrockneten Blättern oder partielles Absterben von Wurzeln. Wenn auch mit der Synthese von Eiweiß ein gleichzeitiger Abbau bis zum NH_3 einhergeht, so wird dieses aber in der Pflanze in Form von Amid aufgefangen und aufs neue dem Stoffwechsel zur Verfügung gestellt [4].

Selbst unter Mangelbedingungen tritt kein N-Verlust in Form gasförmiger Verbindungen auf. Daß die von uns gemachte Annahme eines mechanischen Verlustes, der keine Isotopenverschiebung hervorrufen sollte, gerechtfertigt ist, sieht man bei der Gegenüberstellung der durch die Bilanzierung berechneten und experimentell ermittelten δ^{15}N-Werte der Pflanzen. Sie zeigen innerhalb der Fehlergrenze keine signifikante Abweichung. Diese Übereinstimmung gilt für alle untersuchten Pflanzen der verschiedenen Standorte.

Das wichtigste Ergebnis der experimentellen Untersuchungen spiegelt sich in folgendem Sachverhalt wider: Zwischen den δ^{15}N-Werten der Pflanzen aus dem Norden der DDR und denen der zwei Standorte im Raum Bitterfeld sind bei einem Fehler von $\pm 0{,}3$ ‰ keine signifikanten Unterschiede zu beobachten. Das gleiche ergab sich für alle von uns gezüchteten Pflanzen. Als Ursache für die so unerwartet geringe und nicht signifikante Abweichung des δ^{15}N-Wertes zwischen industriell belasteten Pflanzen und Vergleichspflanzen aus dem Norden der DDR ist der durch Messung erwiesene sehr geringe δ^{15}N-Unterschied im Ammoniumstickstoff und Nitratstickstoff des Regenwassers von im Mittel $+1$ ‰ gegen $+6$ ‰ (unbelastet) bzw. 0 ‰ gegen $+3$ ‰ (unbelastet) anzusehen.

Zunächst könnte man vermuten, daß während des Niederschlagsereignisses das Regenwasser die Stickstoffverbindungen mit einem Isotopieeffekt aufnimmt und sie dadurch relativ zum Abgas an ^{15}N angereichert werden. Mit dieser Anreicherung an ^{15}N im Nitrat des Regenwassers müßte dann eine Abreicherung an ^{15}N in den Stickoxiden der Rauchfahne einhergehen, d. h., die Versuchspflanzen müßten mit wachsendem Abstand vom Emittenten negativere δ^{15}N-Werte zeigen, was aber nicht festgestellt wurde.

Die geringen δ^{15}N-Wert-Unterschiede von nur etwa 3 ‰ im Regenwasser zwischen industriell belasteten und unbelasteten Standorten lassen sich demzufolge entsprechend dem vorhin angeführten Grund Nummer zwei deuten, und zwar allein durch Mischung einer geringen Menge immittierten Washout-Nitrats mit einer großen Menge von Nitrat anderer Herkunft. Das Mengenverhältnis müßte nach einer Mischungsrechnung mindestens 1:30 betragen. Der Washout-Effekt scheint also doch nicht größer zu sein als das Resultat der Berechnung erwarten ließ.

Es muß nun eine Erklärung dafür gefunden werden, warum im Regenwasser eine so hohe Nitratkonzentration gefunden wurde und dies sowohl im Norden der DDR als auch im Bitterfelder Testgebiet. Bekanntlich erzeugen

Tab. 1. Einige Versuchsergebnisse

Pflanze	Standort	Wiedergefundener Stickstoff in Pflanze %	δ^{15}N Pflanze exper. ‰	δ^{15}N Pflanze berechnet ‰	Regen δ^{15}N NH_4^+ ‰	Regen δ^{15}N NO_3^- ‰
Senf	Greppin	19	−6,0	−6,6	−0,3	−0,2
Senf	Bitterfeld	31	−7,2	−6,7	+2,0	−0,9
Senf	Norden d. DDR	36	−6,2	−6,2	+6,2	+3,0
Weizen	Greppin	64	−0,4	−0,1	−0,3	−0,2
Weizen	Bitterfeld	59	−0,1	−0,1	+2,0	−0,9
Weizen	Norden d. DDR	90	−0,5	+0,1	+6,9	+3,0

Der Fehler der probenchem. Umarbeitung + massenspektrometr. Messung beträgt $\pm 0{,}3$ ‰.

photochemische Reaktionen und chemische Umsetzungen infolge elektrischer Entladungen in der Atmosphäre einen natürlichen Stickoxidpegel, der durch Stickoxide anderer Quellen, wie Fahrzeug- und Kraftwerksabgase sowie biologische Stoffwechselprodukte, weiter angehoben wird und großräumig mit einem Durchschnittswert von 5 µg NO_2 je m^3 Luft anzusetzen ist. Die Stickstoffverbindungen der genannten Herkunft liegen in ihrem Isotopenwert bezüglich ^{15}N nahe bei Null, keinesfalls aber so negativ wie die Abprodukte der Salpetersäureanlagen.

Nach neueren Erkenntnissen über die mit Niederschlägen in Zusammenhang stehende Schadstoffablagerung [5] ist davon auszugehen, daß Regenwolken im Verlauf ihrer lateralen Fortbewegung über große Migrationsstrecken bei gelegentlichem Abregnen sofort wieder eine entsprechende Menge Feuchtigkeit aus den unmittelbar unter ihnen befindlichen Luftschichten aufnehmen, wobei auch die darin enthaltenen Schadstoffe in der Wolke gebunden werden. Nimmt man für die unter der Wolke gelegene Luftschicht eine relative Feuchtigkeit von 90% an, so befinden sich bei 10 °C im m^3 Luft etwa 10 g Wasser. Mit einem für das Halle—Leipziger Industrierevier angenommenen Stickoxidpegel von 20 µg/m^3 erhalten wir als daraus resultierende NO_2-Konzentration 20 µg/10 g = 2 mg/l. Es ist jedoch vorstellbar, daß durch zusätzliche Anreicherungsprozesse bei der Regenerierung der Wolken eine noch stärkere Beladung des Wasserdampfes mit Stickoxiden vor sich geht.

Zusammenfassend kann festgestellt werden, daß die im Regen enthaltenen geringen, aus der Salpetersäureanlage emittierten, Stickoxidmengen nicht ausreichen, um signifikante Abweichungen im ^{15}N-Gehalt der eingesetzten Pflanzen hervorzurufen. Doch haben die Isotopenmessungen am Nitratstickstoff des Regenwassers ergeben, daß der ermittelte Washout-Effekt mit den bekannten Abschätzformeln in Einklang steht und daß die größte Menge an Nitrat im Regenwasser nicht aus den Salpetersäureanlagen, sondern aus anderen Quellen stammt.

Herrn Dr. G. *Hübner* und seinen Mitarbeitern (ZfI, Bereich SF) möchten wir für die Unterstützung bei der Anzucht der Pflanzen und bei der Versuchsführung, Herrn Dipl.-Ing. *Käding* und seinen Mitarbeitern (Chemisches Kombinat Bitterfeld) für die Unterstützung bei den Probennahmen an der Salpetersäureanlage danken. Auch den Mitarbeitern des ZfI und des Instituts für Geographie und Geoökologie der AdW gilt unser Dank für die Durchführung experimenteller und meßtechnischer Arbeiten.

Eingegangen am 24. 9. 1980

Literatur

[1] *T. I. Taylor, W. Spindel*, Preparation of highly enriched nitrogen-15 by chemical exchange of NO with HNO_3, in: Proceedings of the International Symposium on Isotope Separation, Amsterdam 1957, Chapter 10. North-Holland Publishing Company, Amsterdam 1958

[2] *W. Spindel*, Z. Chem. Phys. **22** (1954) 1271

[3] *W. Marquardt, P. Ihle*, Kurzreferate zum 9. Lufthygienischen Kolloquium der KDT, Berlin 1977

[4] *E. Strasburger, F. Noll, H. Schenck, A. F. W. Schimper*, Lehrbuch der Botanik für Hochschulen, Gustav Fischer-Verlag, Stuttgart 1958, S. 236

[5] *F. B. Smith, R. D. Hunt*, Phil. Trans. R. Soc. Lond. A **290** (1979) 523

Untersuchungen zur Diffusion isotopischer Methanspezies

H. Schütze

(Zentralinstitut für Isotopen- und Strahlenforschung der AdW der DDR, Leipzig)[1]

M. Mohnke

(Forschungsstelle für chemische Toxikologie der AdW der DDR, Leipzig)[2]

Herrn Prof. Dr.-Ing. *J. Mühlenpfordt* zum 70. Geburtstag gewidmet

Die Diffusion spielt in der Natur, insbesondere im Zusammenhang mit Dispersionsvorgängen, eine wesentliche Rolle. So ist beispielsweise der Vorgang der Erdgasmigration, der nur beim Vorhandensein eines Strömungsregimes zur effektiven Akkumulation von Gas führt, überlagert von Diffusionsprozessen, welche sowohl in lateraler als auch in vertikaler Richtung wirken. Die diffusiven Gasverluste in vertikaler Richtung können den größten Beitrag zur Isotopenfraktionierung bei der Sekundärmigration liefern.

Zur Berechnung der diffusiven Isotopenfraktionierung von Gaskomponenten im natürlichen Bereich müssen die entsprechenden Diffusionskoeffizienten und Isotopieeffekte in ihrer Temperatur- und Druckabhängigkeit bekannt sein.

Im System Methan/Stickstoff wurden Diffusionsuntersuchungen in Kapillarsäulen mit verschiedenen isotopischen Methanspezies durchgeführt und die Ergebnisse mit theoretischen Ansätzen aus der kinetischen Gastheorie verglichen. Es werden weiterhin Aussagen zur Temperatur- und Druckabhängigkeit des Isotopieeffektes in den Diffusionskoeffizienten diskutiert.

Keywords

carbon 12; carbon 13; deuterium; diffusion; isotope effects; isotope ratio; methane

In der Natur kommt der Diffusion besondere Bedeutung zu im Zusammenhang mit auftretenden Trennprozessen; für einen effektiven Stofftransport ist sie dagegen von untergeordneter Bedeutung. Im Bestreben, chemische Potentialdifferenzen auszugleichen, treten auf Grund der unterschiedlichen Diffusionsgeschwindigkeiten zwischen leichten und schweren Komponenten beträchtliche Trennungen auf, die bei endlicher Größe eines dichten Reservoirs erst beim Erreichen des von der Diffusion angestrebten Ausgleichs der Potentialdifferenzen wieder verschwinden. In der Natur gibt es kaum Reservoire, die diesen Bedingungen entsprechen; die Diffusion erfolgt daher meist

[1], [2]) Anschrift: 7050 Leipzig, Permoserstr. 15

unter den Bedingungen eines offenen Systems, so daß beobachtete Fraktionierungseffekte auch das Ergebnis von Diffusionsprozessen sein können. In Abhängigkeit von der Größe der Diffusionskoeffizienten können mehr oder weniger weiträumige Fraktionierungen auftreten. In einem Zeitraum von 100 Mill. Jahren können bei der Diffusion von Gas in Gas Konzentrationsgradienten von mehreren hundert Kilometern, bei der Diffusion von gelösten Gasen oder anderen gelösten Komponenten in Schichtwässer von mehreren Kilometern und bei der Diffusion von geeigneten Komponenten in den Gitterverband von Mineralen (z. B. bei der Metasomatose) von Zentimetern bis zu Metern auftreten. Danach werden in der Natur am wahrscheinlichsten ausgedehnte Fraktionierungen infolge der Diffusion bei den Erdgasen festzustellen sein. Aussagen über deren Migrationsmechanismus und deren Migrationsrichtung kann man insbesondere durch die Messung der isotopischen Zusammensetzung des Kohlenstoffs und des Wasserstoffs im Methan an verschiedenen Bohrungen einer Lagerstätte erhalten. Dadurch gelingt es im allgemeinen, auf die Lage des Muttergesteins zu schließen und bei Kenntnis der dominierenden Isotopentrenneffekte, hauptsächlich der Diffusion, die migrationsbedingten Fraktionierungen zu eliminieren. So kann man auf eine Isotopenzusammensetzung des Methans vor der Sekundärmigration extrapolieren. Diese ursprüngliche Isotopenzusammensetzung gibt einen Hinweis, ob humoses oder sapropelitisches Ausgangsmaterial im Muttergestein für die Gasbildung in Betracht kommt. Aus diesem Grunde und zur Aufklärung der gesamten Dynamik bei der Bildung von Erdgaslagerstätten ist es wichtig, die Größe der Diffusionskoeffizienten von Methan und seiner isotopischen Spezies genauer zu kennen. Unter diesem Aspekt wurden von uns experimentelle und theoretische Untersuchungen durchgeführt. Die Experimente zur Bestimmung der Diffusionskoeffizienten erfolgten alle bei 293,16 ± 0,02 K in der Nähe von 0,1 MPa. Für die Diffusionsversuche wurde eine Glaskapillare von 0,324 mm Durchmesser und 9200 cm Länge verwandt. Sowohl mit einer Plateau- als auch mit einer Peak-Methode wurden Untersuchungen an folgenden Systemen durchgeführt:

$CH_4 \rightarrow N_2$, $C_2H_6 \rightarrow N_2$, $CD_4 \rightarrow N_2$

und

$^{13}CH_4 \rightarrow N_2$

In Tab. 2 sind die gemessenen Diffusionskoeffizienten berechneten gegenübergestellt.

Zur Berechnung der Diffusionskoeffizienten können Beziehungen verwendet werden, die auf der Grundlage der kinetischen Gastheorie abgeleitet wurden. Ausgehend von der Gleichung

$$D_{12} = k \cdot \bar{l}_{13} \cdot \bar{v}_{13} \tag{1}$$

wobei $\bar{l}_{13}$ die mittlere freie Weglänge und $\bar{v}_{13}$ die mittlere Molekulargeschwindigkeit der Teilchen im System $M_1 \rightarrow M_3$ darstellen (der Index 3 bezeichnet in dieser Arbeit immer das Gegengas und der Index 1 das leichtere von zwei zu vergleichenden Gasen), wurden von *Arnold* [1] auf der Grundlage des *Sutherland*-Modells und von *Hirschfelder, Birds* und *Spotz* (HBS) [2] auf der Grundlage des *Lennard-Jones* (LJ)-Modells unter Berücksichtigung der strengeren kinetischen Theorie von *Enskog* und *Chapman* für verdünnte Gase Gleichungen abgeleitet, welche experimentelle Ergebnisse bis zu einem Druck von etwa 2 MPa befriedigend wiedergeben. Die Gleichung von *Arnold* lautet:

$$D_{13} = \frac{0{,}00837 \cdot T^{5/2}\left(\frac{1}{M_1} + \frac{1}{M_3}\right)^{1/2}}{p(\sigma_{s1} + \sigma_{s3})^2 \, (T + S_{13})} \tag{2}$$

Die Konstante führt bei der Ableitung unter Berücksichtigung der Persistenz zu dem Zahlenwert 0,01004, wenn die *Sutherland*-Moleküldurchmesser σ_{si} in Å und der Druck p in atm eingesetzt werden. Durch Anpassung an experimentelle Werte erhielt *Arnold* den Zahlenwert 0,00837. Die *Sutherland*-Konstanten S_1 und S_3 $[S_{13} \approx (S_1 \cdot S_2)^{1/2}]$ müssen wie die σ_{si}-Werte Tabellen (z. B. [1]) entnommen werden. Für die HBS-Gleichung gilt:

$$D_{12} = \frac{0{,}001858 \cdot T^{3/2}\left(\frac{1}{M_1} + \frac{1}{M_3}\right)^{1/2}}{p\sigma_{13}^2 \Omega_D} \tag{3}$$

wobei σ_{13} das arithmetische Mittel aus den entsprechenden Moleküldurchmessern σ_1 und σ_3 in Å und Ω_D das Stoßintegral, das ebenfalls entsprechenden Tabellenwerken zu entnehmen ist, sind. Letzteres ist eine komplizierte Funktion der reduzierten Temperatur T^* $\left(T^* = \frac{kT}{\varepsilon_{13}}\right)$ und beschreibt die Abweichungen vom Hartkugelmodell. Die Parameter des LJ-Potentials können beispielsweise aus Viskositätsmessungen bestimmt werden. Näherungsweise können sie aus den empirischen Beziehungen

$$\frac{\varepsilon}{k} \approx 0{,}77\ T_c \quad \text{und} \quad \sigma \approx 0{,}833\ V_c^{1/3}$$

(k: *Boltzmann*-Konstante; T_c: kritische Temperatur; V_c: kritisches Volumen) gewonnen werden. Die Größe ε_{13} wird aus dem geometrischen Mittel von ε_1 und ε_3 gebildet.

Vergleichsrechnungen von *Fuller* und *Giddings* [3] mit Hilfe verschiedener Gleichungen ergaben für die nach (2) und (3) berechneten Werte unterschiedlichster Systeme die besten Übereinstimmungen mit den Meßergebnissen.

Unter Verwendung der in Tab. 1 angeführten Parameter wurden die Diffusionskoeffizienten für die Systeme

$CH_4 \rightarrow N_2$, $C_2H_6 \rightarrow N_2$, $CD_4 \rightarrow N_2$

und

$^{13}CH_4 \rightarrow N_2$

bei 293,16 K und etwa 0,1 MPa nach (2) und (3) berechnet. Die Ergebnisse der Berechnungen sind in Tab. 2 den gemessenen Werten gegenübergestellt.

Tab. 1. Zusammenstellung der für Gl. (2) und (3) verwandten Potentialparameter

Molekül	*Sutherland*-Potential (2)		LJ-Potential (3)	
	Å	S/K	Å	ε_k/K
N_2	3,14	102	3,681	91,5
CH_4	3,24	166	3,822	136,5
C_2H_6	3,70	252	4,418	230,0
CD_4	3,224*)	166	3,806*)	136,5
$^{13}CH_4$	3,24	166	3,822	136,5

*) Bei diesen Werten wurde berücksichtigt, daß das CD_4-Molekül einen um 0,016 Å geringeren Moleküldurchmesser als das CH_4-Molekül aufweist [5]

Tab. 2. Gegenüberstellung der bei 293,16 ± 0,02 K gemessenen (in Klammern: Anzahl der Messungen) und auf 0,1 MPa bezogenen Diffusionskoeffizienten und der nach den Gleichungen (2) und (3) für gleiche Bedingungen berechneten Diffusionskoeffizienten

System		$D_{12}/cm^2 \cdot s^{-1}$ gemessen	$D_{12}/cm^2 \cdot s^{-1}$ n. (2) berechn.	$D_{12}/cm^2 \cdot s^{-1}$ n. (3) berechn.
$CH_4 \rightarrow N_2$	(22)	0,223 ± 0,001	$0{,}223_9$	$0{,}209_4$
$C_2H_6 \rightarrow N_2$	(15)	0,151 ± 0,001	$0{,}151_6$	$0{,}138_7$
$CD_4 \rightarrow N_2$	(18)	0,212 ± 0,001	$0{,}210_2$	$0{,}196_5$
$^{13}CH_4 \rightarrow N_2$	(23)	0,220 ± 0,001	$0{,}219_7$	$0{,}205_5$

Der angegebene Meßfehler bezieht sich auf eine 90 %ige statistische Sicherheit bezüglich der Reproduzierbarkeit des Mittelwertes; ein möglicher systematischer Fehler ist nicht berücksichtigt.

Tab. 3. Gemessene und nach Gl. (2) berechnete Isotopieeffekte bzw. berechneter Moleküleffekt in den Diffusionskoeffizienten (293,16 K; 0,1 MPa)

System	ε_D (gemessen)	ε_D [n. Gl. (2)]	$\Delta\varepsilon_D$
$CH_4/CD_4 \rightarrow N_2$	0,052 ± 0,009	0,0654	−0,013 ± 0,009
$CH_4/C_2H/ \rightarrow N_2$	0,48 ± 0,02	0,477	(0,003 ± 0,02)
$CH_4/^{13}CH_4 \rightarrow N_2$	0,014 ± 0,009	0,0191	(−0,005 ± 0,009)

Als Trägergas wurde Reinst-Stickstoff verwendet. Die Druckdifferenz zwischen dem Kapillareneingang und -ausgang wurde mit Quecksilbermanometern gegen den Luftdruck mit einer Genauigkeit von $\pm 10^{-4}$ MPa gemessen.

Die einzelnen isotopischen Spezies wurden bei Anwendung der Peakmethode mittels gasdichter Mikroliterspritzen in ein selbsthergestelltes Strömungsteilersystem dosiert, an das die Diffusions-Kapillare angeschlossen war. Die dosierten Mengen der isotopischen Spezies waren so groß, daß bei der Peakmethode eine Maximalkonzentration von schätzungsweise 1 Vol.-% nicht überschritten wurde. Als Detektor wurde ein selbstgebauter Mikro-Flammenionisationsdetektor verwendet, dessen Signale von einem parametrischen Verstärker verstärkt und von einem Kompensationsbandschreiber registriert wurden.

Die Wanderungszeiten der Peaks in der Kapillare wurden mittels einer Quarzuhr mit einer Genauigkeit von etwa ±0,3 Sekunden gemessen.

Bei Anwendung der Plateau-Methode erfolgte der Anschluß des Strömungsteilers an eine in der Gaschromatographie für die Dosierung von Gasen übliche Dosierschleife. Die Probenmengen in der Schleife waren so groß, daß eine Zeitlang die reine, mit Trägergas unvermischte Probe die Kapillare füllte. Als Detektor wurde in diesem Fall eine selbstgebaute Mikrowärmeleitfähigkeitsmeßzelle verwendet, wie sie zur Detektion von Inertgasen in der Kapillargaschromatographie üblich ist [4].

Die berechneten Diffusionskoeffizienten zeigen eine sehr gute bis befriedigende Übereinstimmung mit den Meßwerten. Man kann davon ausgehen, daß Diffusionskoeffizienten im Druckbereich bis ≦ 2 MPa damit hinreichend genau bezüglich geologischer Aussagen im obersten Bereich (≈ 200 m) der Bodenzone berechnet werden können.

Für den Isotopieeffekt $\varepsilon_D = \dfrac{D_{13}}{D_{23}} - 1$ in den Diffusionskoeffizienten ergeben sich aus den Messungen und Berechnungen nach Gl. (2) die in Tab. 3 zusammengestellten Werte.

Für den Kohlenstoffisotopieeffekt im System $CH_4/^{13}CH_4 \rightarrow N_2$ ist $\Delta\varepsilon_D$ nicht signifikant von Null verschieden. Offensichtlich wird hier der Isotopieeffekt nur durch den Masseeinfluß bestimmt, da für CH_4 und $^{13}CH_4$ bei der Berechnung nach Gl. (2) die gleichen Potentialparameter (σ_{si} und S) benutzt wurden.

Anders liegen die Verhältnisse im System $CH_4/CD_4 \rightarrow N_2$. Obwohl bei der Berechnung bereits davon ausgegangen wurde, daß das CD_4-Molekül einen um 0,016 Å geringeren Moleküldurchmesser als das unsubstituierte Methanmolekül aufweist, bleibt ein negativer Anteil für $\Delta\varepsilon$ übrig, der auf einer geringeren Wechselwirkung beruhen könnte. Auch ein solcher Effekt müßte wie die Durchmesserverringerung zu einer Vergrößerung der mittleren freien Weglänge $\bar{l}_{13}$ entsprechend Gl. (1) führen und damit zu einer Erhöhung des Diffusionskoeffizienten. Der Isotopieeffekt läßt sich aus folgender Beziehung berechnen:

$$\varepsilon_D = \left[\left(\frac{\mu_2}{\mu_1}\right)^{1/2} - 1\right] + \left[\frac{(\sigma_{s2} + \sigma_{s3})^2}{(\sigma_{s1} + \sigma_{s3})^2} - 1\right] + \left[\frac{S_{23} + T}{S_{13} + T} - 1\right] \tag{4}$$

Der erste Term stellt den reinen Masseeffekt dar, wobei μ_i die reduzierten Massen $\left(\dfrac{M_i \cdot M_3}{M_i + M_3}\right)$ darstellen. Der zweite Term führt zum Isotopieeffekt im Moleküldurchmesser und der dritte zum Isotopieeffekt in den Wechselwirkungskräften (*Sutherland*-Konstanten). Die ersten beiden Terme lassen sich ohne Schwierigkeiten berechnen:

$$\varepsilon_D = 0{,}0704 - 0{,}0050 = 0{,}0654$$

Damit verbleibt zum Meßwert eine Differenz von −0,013 ± 0,009 (Tab. 3), die dem Isotopieeffekt in den Wechselwirkungskräften bei 293 K zugeordnet werden kann. Aus dieser Differenz läßt sich formal S_2 bestimmen:

$$\frac{S_{23} + T}{S_{13} + T} = -0{,}013 \pm 0{,}009 + 1 \quad \text{und}$$

$$(S_2 \cdot S_3)^{1/2} = 0{,}987(S_{13} + T) - T$$

Mit den entsprechenden Werten aus Tab. 1 erhält man daraus $S_2 = 152 \pm 11{,}5$.

Der Fehler ist trotz der guten Reproduzierbarkeit bei der Bestimmung des Diffusionskoeffizienten von etwa 0,5% recht beträchtlich. Trotzdem befinden sich Größenordnung und Richtung des dritten Terms im Vergleich mit Messungen der Polarisierbarkeit des CD_4-Moleküls [6] in Übereinstimmung. Mit steigender Temperatur nimmt der Einfluß dieses Terms ab; für $T \gg S$ geht sein Wert gegen Null. Die beiden anderen Terme sind in erster Näherung nicht von der Temperatur abhängig, so daß sich die Temperaturabhängigkeit des Isotopieeffektes in den Diffusionskoeffizienten im wesentlichen aus der entsprechenden Abhängigkeit des dritten Terms ergibt (Abb. 1). Die Größe des Isotopieeffektes auf Grund des reinen Masseeinflusses weist eine Abhängigkeit von der relativen Molekülmasse des Gegengases M_3 auf. Verwendet man statt Stickstoff, der für die Versuche aus geologischen Gründen gewählt wurde, ein schwereres Gas, so wird der Wert des ersten Terms größer. Er erreicht bei einer Matrix, deren Bestandteile nicht mehr an der Translation teilnehmen ($M \to \infty$), aber zu Porenweiten führen, welche klein gegenüber der mittleren freien Weglänge sind, den

Grenzwert $\varepsilon_D^m = \left(\frac{M_2}{M_1}\right)^{1/2}$ (Abb. 2).

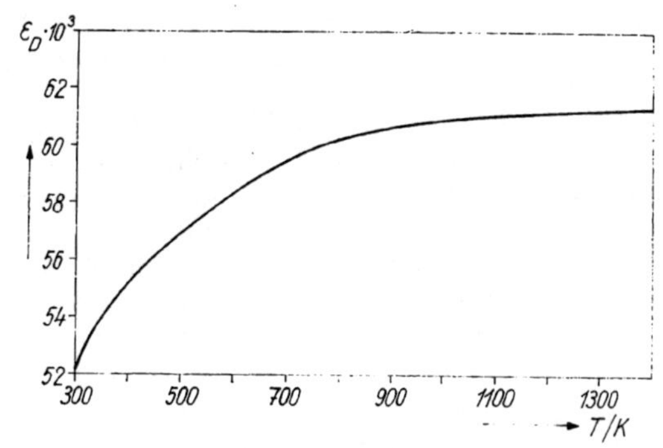

Abb. 1. Abhängigkeit des Isotopieeffektes ε_D in den Diffusionskoeffizienten im System $CH_4/CD_4 \to N_2$ von der Temperatur (berechnet)

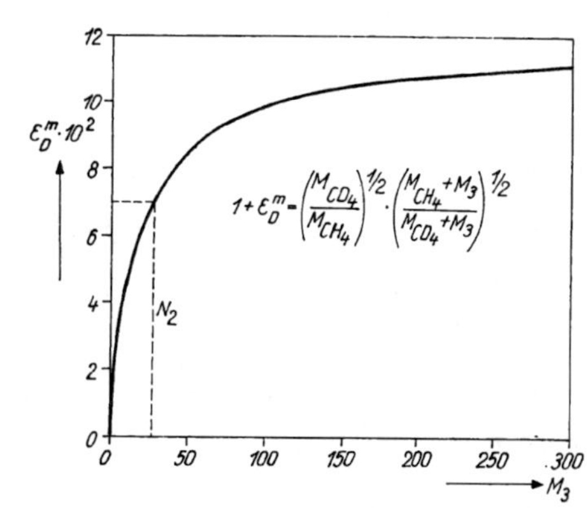

Abb. 2. Einfluß der relativen Molekülmasse M_3 des Gegengases auf die Größe des entsprechenden Isotopieeffektes ε_m^D in den Diffusionskoeffizienten

Nach dem oben Gesagten ist eine Temperaturabhängigkeit nur dann zu erwarten, wenn meßbare Unterschiede in den Wechselwirkungen der diffundierenden Moleküle vorhanden sind. Solche Unterschiede sollten zwischen den geologisch interessierenden Molekülen $^{13}CH_4$ und CH_3D einerseits und dem unsubstituierten Methan andererseits sehr gering sein. Daher ist für die Isotopieeffekte in den Systemen $CH_4/^{13}CH_4 \to N_2$ und $CH_4/CH_3D \to N_2$ mit keiner signifikanten Temperaturabhängigkeit zu rechnen.

Unter geologischen Bedingungen spielen Drücke > 2 MPa eine wichtige Rolle. Die *Enskog*-Theorie für dichte Gase führt zu einer Korrektur des Diffusionskoeffizienten durch den Quotienten $\frac{\varkappa}{\gamma}$ [7]:

$$D = D_0 \cdot \frac{\varkappa}{\gamma} \tag{5}$$

wobei D_0 den Diffusionskoeffizienten für verdünnte Gase, $\varkappa$ den Kompressibilitätsfaktor und γ die Korrektur für die Stoßfrequenz darstellen. Der Faktor γ berücksichtigt die Erhöhung der Stoßfrequenz durch den endlichen Durchmesser der Moleküle (σ nicht mehr klein gegen den Molekülabstand) und durch deren größere Dichte; γ ist stets > 1. Über den Kompressibilitätsfaktor $\varkappa$ wird die Teilchendichte pro Volumen korrigiert. Es gilt

$$\gamma = \frac{1 - \frac{3}{2}\eta + \frac{1}{2}\eta^3}{(1-\eta)^4} \tag{6}$$

wobei

$$\eta = \frac{\pi}{6} n_0 \sigma_{13}^3 \quad \text{und} \quad n_0 \sigma_{13}^3 = \frac{N_2 p \sigma_{13}^3}{\varkappa_{13} R T} = 0{,}00735 \frac{p \sigma_{13}^3}{\varkappa_{13} T}$$

sind.

Mit Hilfe dieser Beziehungen können die nach den Gl. (2) und (3) für 0,1 MPa berechneten Diffusionskoeffizienten auf Drücke > 2 MPa umgerechnet werden. In erster Näherung wird $\varkappa_{13}$ (bei einem Mengenverhältnis 1:1) aus $\frac{1}{2}(\varkappa_1 + \varkappa_3)$ bestimmt. Unter Verwendung von Gl. (2), (5) und (6) wurde die Druckabhängigkeit des Diffusionskoeffizienten im System $CH_4 \to N_2$ bei 293 K berechnet (Abb. 3). Zur Bildung von σ_{13} wurden die für thermodynamische Rechnungen häufig verwendeten Werte $\sigma_{CH_4} = 3{,}70$ Å und $\sigma_{N_2} = 3{,}60$ Å, benutzt.

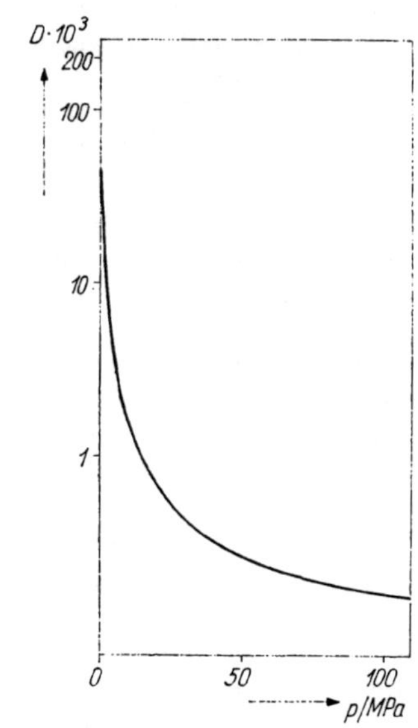

Abb. 3. Druckabhängigkeit des Diffusionskoeffizienten von $CH_4 \to N_2$ (berechnet)

Ein Vergleich berechneter mit experimentell ermittelten Diffusionskoeffizienten für dichte Gase ist für das System $CH_4 \to CH_3T$ möglich, für welches *Jeffries* und *Drickamer* [8] Meßwerte bis zu einem Druck von 30 MPa veröffentlicht haben. Da keine Potentialparameter für CH_3T bekannt waren, wurden für die Berechnung nach Gl. (3) die

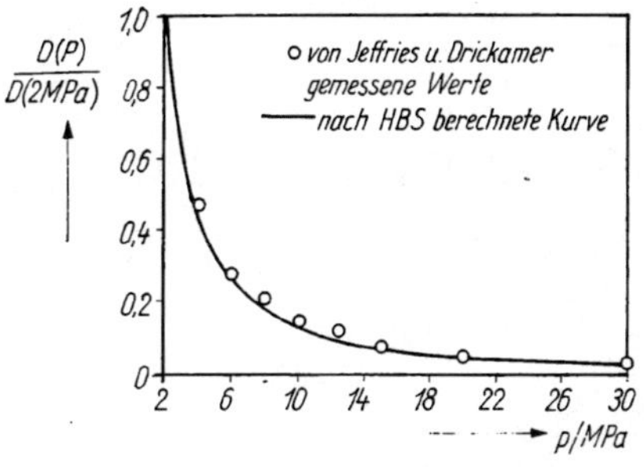

Abb. 4. Vergleich von Meßwerten und berechnetem Verlauf zur Druckabhängigkeit des Diffusionskoeffizienten von CH_4 in CH_3T

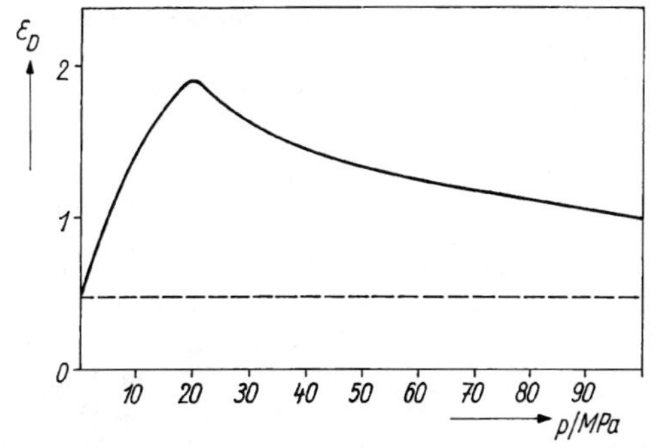

Abb. 5. Druckabhängigkeit des Moleküleffektes ε_D im System $CH_4/C_2H_6 \rightarrow N_2$ (berechnet)

gleichen Werte für wie CH_4 angenommen. Die berechneten Werte liegen um etwa 50% über den Meßwerten, während die Druckabhängigkeit qualitativ richtig beschrieben wird (Abb. 4). *Jeffries* und *Drickamer* haben ebenfalls nach der HBS-Methode, unter Berücksichtigung der Dichtekorrektur nach *Enskog*, den theoretischen Verlauf berechnet und finden eine größere Übereinstimmung mit den Meßwerten. Da die von ihnen für die Berechnung benutzten Potentialparameter nicht angegeben sind, konnte die Ursache der Abweichung nicht geklärt werden.

Um eine Aussage zur Druckabhängigkeit des Verhältnisses zweier Diffusionskoeffizienten zu gewinnen, wurde eine solche Berechnung für das System $CH_4/C_2H_6 \rightarrow N_2$ vorgenommen. Für Methan und Ethan sind alle benötigten Größen bekannt (Abb. 5). Danach nimmt dieses Verhältnis zunächst zu. Im Druckbereich von etwa 20 MPa wird das Maximum erreicht. Dieses Maximum liegt in der Nähe des Punktes, wo sich die $\varkappa$-Werte von Methan und Ethan schneiden. Vertauscht man in Gl. (5) die γ- und $\varkappa$-Werte von Methan und Ethan, so erhält man einen etwa spiegelbildlichen Verlauf der Druckabhängigkeit und gewinnt damit ein grobes Modell für die Verhältnisse im System

$$CH_4/CD_4 \rightarrow N_2(\sigma_{CH_4} > \sigma_{CD_4}\,; \quad \varkappa_{CH_4} < \varkappa_{CD_4})\,.$$

Zusammenfassend ist demzufolge festzustellen, daß bei einer Berechnung von Isotopieeffekten in den Diffusionskoeffizienten natürlich vorkommender Gase weder eine Temperatur- noch eine Druckabhängigkeit berücksichtigt werden muß. Bei der Berechnung von Moleküleffekten (z. B. im System $CH_4/C_2H_6 \rightarrow N_2$) lassen sich diese Abhängigkeiten ohne Schwierigkeiten ermitteln und damit direkte Teufenabhängigkeiten bestimmen.

Es wurde bisher bewußt Wert darauf gelegt, vom Isotopieeffekt in den Diffusionskoeffizienten und nicht vom Diffusionsisotopieeffekt zu sprechen. Das hat seinen Grund darin, daß der Diffusionsisotopieeffekt nur dann dem Ausdruck $\frac{D_{13}}{D_{23}} - 1$ entspricht, wenn ein stationärer Diffusionsfall vorliegt. Da das, wie bereits erwähnt, in der Natur nur selten zutrifft, muß geprüft werden, wie der Isotopieeffekt für den instationären Fall zu definieren ist. Nach *Jost* [9] gilt für die mittlere effektive Diffusionsgeschwindigkeit eines Moleküls $\bar{v}_{i3}^{\text{eff}}$

$$\bar{v}_{i3}^{\text{eff}} = \frac{I_{x=0}}{c_{0i}} = \frac{D_{i3}}{\sqrt{\pi D_{i3} t}} + \frac{D_{i3}}{h} \tag{7}$$

wobei $I_{x=0}$ den Diffusionsstrom an der Grenze $(x = 0)$ zwischen dem Vorrat mit der Konzentration c_{0i} und dem Reservoir des Gegengases und $h > 1$ die Grenze der endlichen Ausdehnung dieses Reservoirs darstellen. Damit läßt sich der Isotopieeffekt bei Diffusionsprozessen beschreiben:

$$\varepsilon_D^{\text{eff}} = \frac{\left(\frac{D_{13}}{\pi t}\right)^{1/2} + \frac{D_{12}}{h}}{\left(\frac{D_{23}}{\pi t}\right)^{1/2} + \frac{D_{23}}{h}} - 1 \tag{8}$$

Für die Diffusionszeit $t = 0$ ist $\varepsilon_D^{\text{eff}} = 0$ und für $t \rightarrow \infty$ geht $\varepsilon_D^{\text{eff}}$ gegen $\frac{D_{13}}{D_{23}} - 1 = \varepsilon_D$. Man begeht keinen großen Fehler, wenn man für den instationären Diffusionsfall mit $\varepsilon_D^{\text{eff}} = \sqrt{\varepsilon_D}$ rechnet.

Mit Hilfe der in dieser Arbeit vorgestellten Gleichungen ist es prinzipiell möglich, Diffusionskoeffizienten und Isotopieeffekte (bzw. Moleküleffekte) für geologisch relevante Gase und Bedingungen mit hinreichender Genauigkeit zu berechnen.

Für die Unterstützung bei zahlreichen Rechnungen möchten wir unseren herzlichen Dank Frau *Ortrud Gebhardt* aussprechen. Herrn Dr. *J. Heybey* danken wir für anregende Diskussionen.

Eingegangen am 9. 10. 1980

Literatur

[1] *R. C. Reid, T. K. Sherwood*, The Properties of Gases and Liquids, McGraw Hill, New York 1958
[2] *J. O. Hirschfelder, C. F. Curtiss, R. B. Bird*, Molecular Theory of Gases and Liquids, John Wiley, New York 1954
[3] *E. N. Fuller, J. C. Giddings*, J. of. G. C. (July 1965) 222
[4] *M. Mohnke, W. Saffert*, Chem. Techn. **11** (1961) 685
[5] *J. Heybey*, in: Zur Berechnung von Isotopieeffekten, Studie des BSCP des ZfI, Leipzig 1976
[6] *A. F. Grigor, W. A. Steele*, J. Chem. Phys. **48** (1968) 1032
[7] *J. W. Perram*, Mol. Phys. **30** (1975) 1505
[8] *Q. R. Jeffries, H. G. Drickamer*, J. Chem. Phys. **21** (1953) 1358
[9] *W. Jost, K. Hauffe*, Diffusion, Dr. D. Steinkopf, Darmstadt 1972

Der thermodynamische Kohlenstoffisotopieeffekt im System $CH_4—H_2O$. III.

P. Harting

(Zentralinstitut für Isotopen- und Strahlenforschung der AdW der DDR, Leipzig)[1])

Herrn Prof. Dr.-Ing. *J. Mühlenpfordt* zum 70. Geburtstag gewidmet

In Fortsetzung der Arbeiten [1] und [2] wird über den Einfluß gelöster Salze auf den Löslichkeitsisotopieeffekt von Methan in Wasser hinsichtlich des Kohlenstoffs berichtet. Die Untersuchungen wurden unter solchen Druck- und Temperaturbedingungen sowie Salzkonzentrationen vorgenommen, die dem sedimentären Bereich der Erdkruste entsprechen. Dabei zeigte sich trotz der bekannten starken Abhängigkeit der Löslichkeit von Gasen vom Salzgehalt einer wäßrigen Lösung kein signifikanter Einfluß auf die entsprechenden Isotopieeffekte.

Keywords

carbon isotopes; isotope effects; isotope ratio; methane; solubility; thermodynamics; water

1. Einleitung

Die Salinität von Schichtwässern ist unter verschiedenen geologischen Bedingungen verhältnismäßig starken Schwankungen ausgesetzt, so daß die Kenntnis des Einflusses der in den Schichtwässern gelösten Salze auf die Größe entsprechender Löslichkeitsisotopieeffekte für die Klärung von Problemen im Zusammenhang mit Transportvorgängen in tieferen Schichtwässern den gleichen Stellenwert besitzt wie die Kenntnis der Druck- und Temperaturabhängigkeit der thermodynamischen und kinetischen Isotopieeffekte unter diesen Bedingungen.

Nur das Wissen auch über möglichst alle an einem konkreten natürlichen Erscheinungsbild beteiligten physikalisch-chemischen Isotopieeffekte (Abb. 1) sowie über ihre Anteile am Gesamteffekt ermöglicht letztlich die Modellierung der Erdgasmigration und die Entwicklung eines tragfähigen isotopengeochemischen Modells der Genese und Akkumulation von Erdgasen [3].

Wenn auch von *Klots* und *Benson* [4], *Galimov* [5], *Vogel* u. a. [6] und *Weiss* [7] schon Untersuchungen zu verschiedenen isotopischen Einzeleffekten vorgenommen wurden, so resultierten sie größtenteils aus anderen Fragestellungen, während die Arbeiten von *Harting* u. a. [1] und *Harting* [2] zur Druck- und Temperaturabhängigkeit des Löslichkeitsisotopieeffektes im System CH_4-H_2O, von *Abou El-Nour* u. a. [8] zur Temperaturabhängigkeit des Löslichkeitsisotopieeffektes im System $C_2H_6-H_2O$, von *Heybey* u. a. [9] zu Dampfdruckisotopieeffekten der Butane, von *Harting* und *Maaß* [10] zum Kohlenstoffisotopenaustausch zwischen CH_4 und CO_2, von *Schütze* und *Mohnke* [11] zur Diffusion isotopischer Methanspezies unter realen Bedingungen sowie von *Harting* [12] zu thermodynamischen Adsorptionsisotopieeffekten bei erhöhtem Druck und erhöhter Temperatur auf die Modellierung der Erdgasmigration ausgerichtet waren.

In der vorliegenden Arbeit wird über experimentelle Untersuchungen berichtet, die sowohl mit reinem Wasser als auch mit natürlichen Schichtwässern und unterschied-

[1]) Anschrift: 7050 Leipzig, Permoserstraße 15

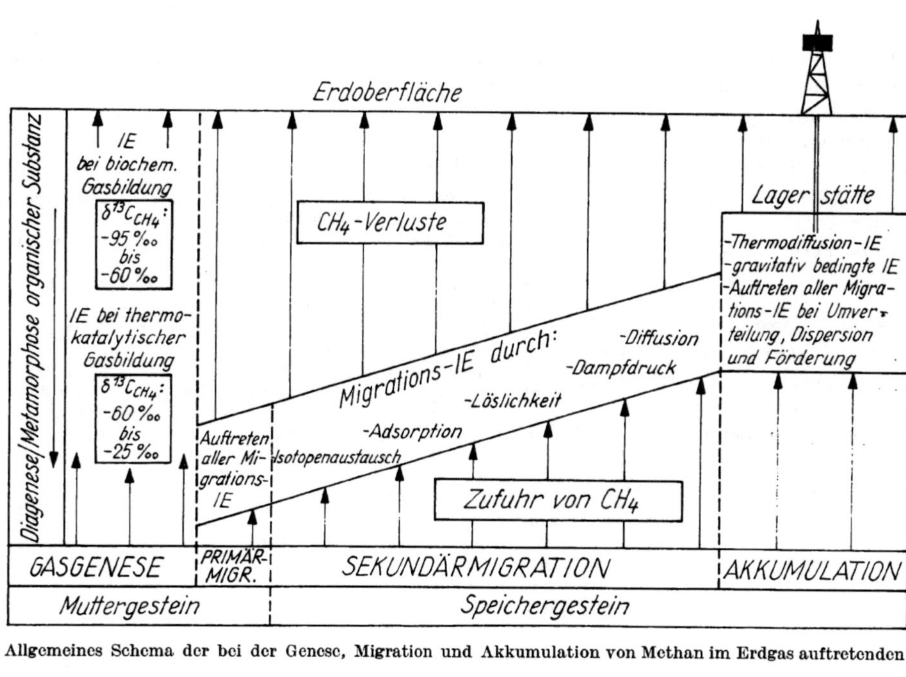

Abb. 1. Allgemeines Schema der bei der Genese, Migration und Akkumulation von Methan im Erdgas auftretenden Isotopieeffekte [3]

lich konzentrierten Salzlösungen am System CH_4-H_2O vorgenommen wurden, um den Einfluß der gelösten Salze auf den entsprechenden Löslichkeitsisotopieeffekt zu ermitteln. Außerdem wurden Daten über Gaslöslichkeiten in salinaren Wässern aus Arbeiten anderer Autoren ausgewertet und zur Diskussion herangezogen.

2. Versuchsdurchführung und -ergebnisse

An der in Abb. 2 schematisch dargestellten Gas-Flüssig-Gleichgewichtsapparatur sind im Rahmen von experimentellen Untersuchungen zum Löslichkeitsverhalten von Gasgemischen unter realen Bedingungen, die späteren Untersuchungen zu Isotopieeffekten vorgelagert waren, u. a. thermodynamische Strofftrenneffekte von Methan-Stickstoff-Gemischen in Wasser und 4 M NaCl-Lösung bei 295 K in Abhängigkeit vom Druck bestimmt worden, um den Einfluß des NaCl auf die Lage des Gleichgewichts zu ermitteln.

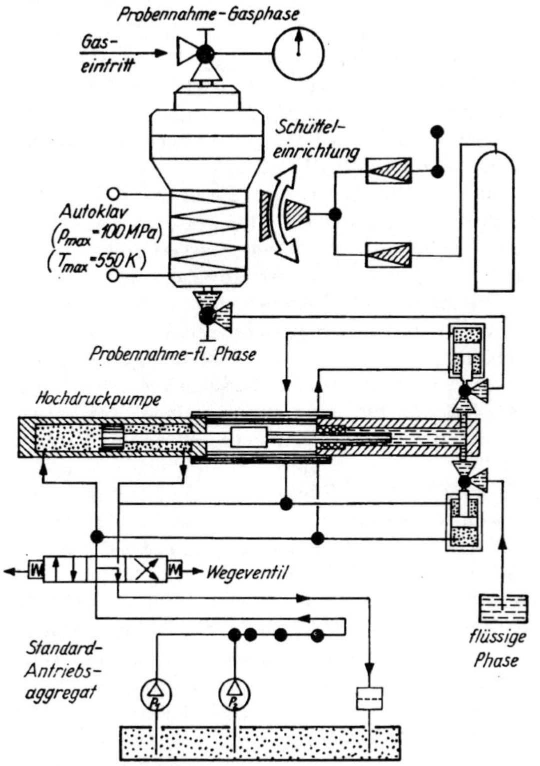

Abb. 2. Schematische Darstellung der Gas-Flüssig-Gleichgewichtsapparatur

Um die Funktion $\alpha = f(p)$ zu erhalten, wurden zunächst die entsprechenden Gasgemische im Autoklaven, in dem sich noch keine flüssige Phase befindet, aus den reinen Gasen hergestellt. Anschließend erfolgte die Einstellung des gewünschten Druckes durch Einpumpen von flüssiger Phase in den Autoklaven mittels der dazugehörigen Hochdruckpumpe. Nach Erreichung des thermodynamischen Gleichgewichtszustandes (nach ca. 1 – 2 h) mit Hilfe der Schüttelvorrichtung erfolgten die Probennahmen aus der Gasphase und der flüssigen Phase. Die angegebene Einstellzeit wurde aus Vorversuchen ermittelt. Die durch gaschromatographische Analyse erhaltenen Methan- und Stickstoffkonzentrationen ermöglichten die Berechnung des elementaren Stofftrennfaktors über die Beziehung

$$\alpha = \frac{(c_{CH_4}/c_{N_2})_l}{(c_{CH_4}/c_{N_2})_g}$$

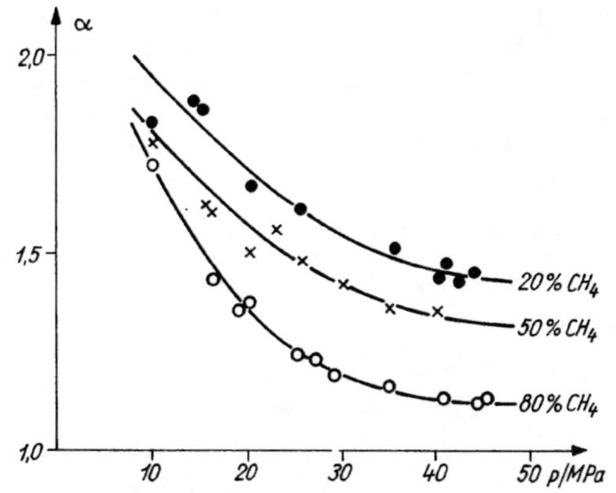

Abb. 3. Der Stofftrennfaktor im System $CH_4-N_2-H_2O$ in Abhängigkeit vom Druck bei 295 K

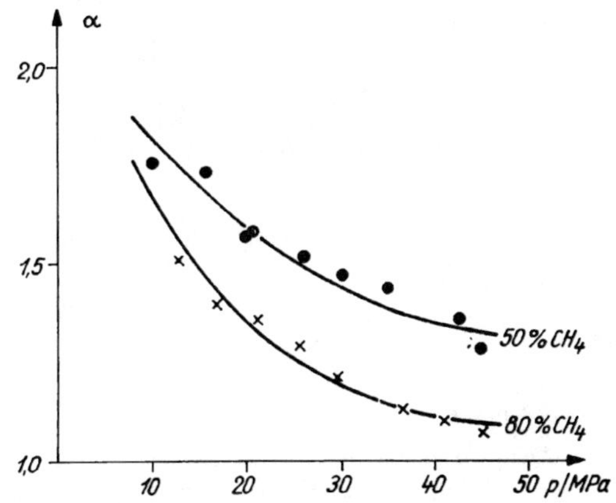

Abb. 4. Der Stofftrennfaktor im System $CH_4-N_2-NaCl-H_2O$ in Abhängigkeit vom Druck bei 295 K

Die c_i sind die Konzentration von Methan bzw. Stickstoff. Die Indizes bedeuten l = flüssige Phase und g = Gasphase.

Die resultierenden Ergebnisse sind in den Abb. 3 und 4 zusammengefaßt und graphisch dargestellt. Es ist kein signifikanter Einfluß des NaCl auf die Stofftrenneffekte zu erkennen, was auf einen zumindest geringen und daher vernachlässigbaren Einfluß auch auf die Isotopieeffekte unter diesen Bedingungen schließen lassen sollte.

Nachfolgende Experimente am isotopischen System $^{13}CH_4-^{12}CH_4-H_2O$ wurden unter diesem Aspekt betrachtet und wie folgt durchgeführt: Der Autoklav der Gleichgewichtsapparatur wurde mit Methan gefüllt. Als flüssige Phase kamen ein Originalschichtwasser und gesättigte Calciumchloridlösung zum Einsatz. Der verfahrenstechnische Ablauf entsprach dem der Experimente zu den Stofftrennfaktoren. Die Probennahme erfolgte lediglich aus der flüssigen Phase, weil bei diesem System auf Grund der verhältnismäßig geringen Methanlöslichkeit die Menge des gelösten Methans klein gegen die Menge des freien Methans ist und damit auf die Bestimmung der Isotopenverhältnisse in der Gasphase verzichtet werden kann. Änderungen der isotopischen Zusammensetzung der Gasphase als Folge eines Löslichkeitsisotopieeffektes sind vernachlässigbar; die isotopische Zusammensetzung der Gasphase kann als konstant angesehen werden.

Die erhaltenen Proben wurden nach der entsprechenden probenchemischen Umarbeitung [1] zu CO_2 massenspektrometrisch mit Hilfe eines Spektrometers M 86 der Fa.

Varian gemessen. Als Standard diente Trockeneis mit einem $\delta^{13}C$-Wert von $-26{,}30$ ‰ gegen PDB. Die ebenfalls gemessenen $\delta^{18}O$-Werte erlaubten die ^{17}O-Korrektur der Meßwerte ($\delta^{13}C_{korr} = \delta^{13}C - 0{,}0388\ \delta^{18}O$) unter der Voraussetzung konstanter $^{18}O/^{17}O$-Verhältnisse. Es ergaben sich folgende Resultate:

— Originalschichtawasser

Druck MPa	$\delta^{13}C$-Wert ‰	^{17}O-Korr.-Wert ‰	$\delta^{13}C$-Werte (korr.) ‰
8,4	−2,64	−0,40	−3,04
	−2,89		−3,29
	−2,59		−2,99
	−2,85		−3,25
	−2,44		−2,84
8,2	−2,66	−0,39	−3,05
	−2,65		−3,04
	−2,69		−3,08

— gesättigte Calciumchloridlösung

Druck MPa	$\delta^{13}C$-Wert ‰	^{17}O-Korr.-Wert ‰	$\delta^{13}C$-Werte (korr.) ‰
9,6	−2,81	−0,30	−3,11
	−2,85		−3,15
	−2,89		−3,19
9,0	−2,72	−0,28	−3,00
	−2,80		−3,08
	−2,94		−3,22

3. Diskussion

Aus der Ausgleichsgeraden bei den Experimenten mit reinem Wasser als flüssiger Phase im Zusammenhang mit der Ermittlung der Druckabhängigkeit des Löslichkeitsisotopieeffektes im System $^{13}CH_4-{}^{12}CH_4-H_2O$ resultiert bei 9 MPa ein $\delta^{13}C$-Wert für das gelöste Methan von $-3{,}14 \pm 0{,}09$ ‰ [2]. Für das Originalschichtwasser ergibt sich aus den vorliegenden Experimenten ein Mittelwert von $-3{,}07 \pm 0{,}12$ ‰, während er für die gesättigte Calciumchloridlösung $-3{,}12 \pm 0{,}08$ ‰ beträgt. Diese Unterschiede sind nicht signifikant, so daß auch bei den Isotopieeffekten von einer Unabhängigkeit der Trennfaktoren vom Salzgehalt und auch von der Salzart ausgegangen werden kann.

Diese ursprünglich nicht erwartete Unabhängigkeit dürfte ihre Ursache in der Struktur wäßriger Elektrolytlösungen haben. Schon im 19. Jahrhundert war bekannt, daß in Wasser gelöste Salze die Löslichkeit von Gasen herabsetzen. Klassisch wird diese Erscheinung damit erklärt, daß das Wasser in den Hydrathüllen durch die gelösten Ionen umstrukturiert ist und keine Möglichkeit mehr für das Lösen von Gasmolekülen in diesem Teil des Wassers besteht. In der Lösung verringert sich damit das „Platzangebot“ für Gasmoleküle, so daß effektiv weniger Wasser mit der ursprünglichen Struktur in dem betrachteten System vorhanden ist. Das hat hinsichtlich derartiger Trenneffekte zur Folge, daß sie bei einer experimentellen Bestimmung quasi nur für ein verringertes Wasservolumen bestimmt werden; es kann demzufolge keine Veränderung der Größe der Trenneffekte geben. Anders ausgedrückt: Die Löslichkeit beider Spezies, unabhängig von den Eigenschaftsunterschieden der Gasmoleküle, verringert sich mit zunehmender Salzkonzentration in relativ gleichem Maße, so daß sich die Faktoren der Löslichkeitserniedrigung in dem Ausdruck für den elementaren Trennfaktor herauskürzen.

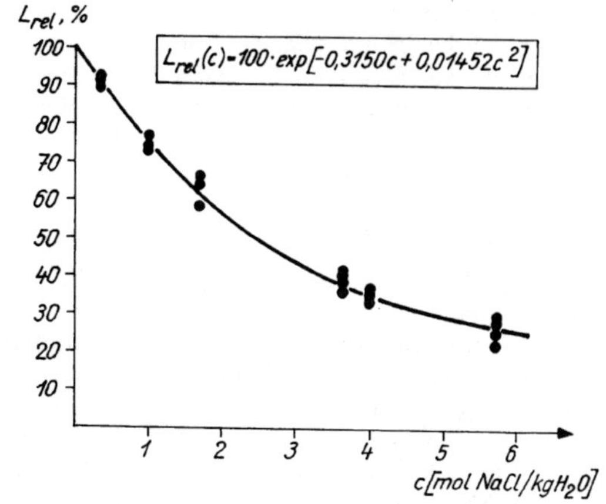

Abb. 5. Die relative Löslichkeit von Methan und Stickstoff in Abhängigkeit von der Salzkonzentration

Diese verhältnismäßig einfache Modellvorstellung wird auch durch experimentelle Ergebnisse zur Löslichkeit von Methan in Wasser, 0,34, 1,70, 3,64, und 5,76 molarer Natriumchloridlösung bei 20, 40, 60 und 80 °C und Drücken zwischen 4,9 und 29,4 MPa [13] sowie zur Löslichkeit von Methan und Stickstoff in Wasser, 1 und 4 molarer Natriumchloridlösung bei 51,5, 102,5 und 125 °C und Drücken zwischen 10 und 61 MPa [14] gestützt. Setzt man die in diesen Arbeiten ermittelten Gaslöslichkeiten in Wasser gleich 100% und berechnet die relativen Löslichkeiten bei den verschiedenen Salzkonzentrationen in Abhängigkeit von Druck und Temperatur, so stellt man eine von Druck, Temperatur und Gasart weitgehend unabhängige Löslichkeitserniedrigung bei den verschiedenen Salzkonzentrationen fest. Mittelt man die einzelnen Ergebnisse beider Arbeiten über den Druck, so erhält man die in Abb. 5 dargestellte Funktion $L_{rel}\,[\%] = f(c)$ mit den in der Abbildung angegebenen Funktionsgrößen. Ob sich aus diesem Zusammenhang ein neuer Ansatz für eine modifizierte Form des *Sečenov*-Koeffizienten, dem sogenannten Aussalzkoeffizienten, ergibt, muß geprüft werden; in der Vergangenheit wurde schon von vielen Autoren versucht, die offensichtlich signifikante Abhängigkeit des *Sečenov*-Koeffizienten in seiner Ursprungsform von Druck, Temperatur und Gasart unter realen Bedingungen durch geeignete Modifizierungen zu einer zumindest für praktische Belange akzeptablen Unabhängigkeit von diesen Parametern zurückzuführen, was jedoch nur in sehr begrenztem Maße gelang.

Die vorgestellten Ergebnisse sind insofern bemerkenswert, zeigen sie doch deutliche Parallelen zwischen stofflichen und entsprechenden isotopischen Systemen, die einerseits zu wichtigen Ergebnissen und Erkenntnissen für die Geowissenschaften führen und andererseits die Isotopenforschung selbst bereichern. Es wird die vom Autor vertretene Auffassung bestätigt, daß zwei isotopische Spezies letztlich nur zwei Stoffe mit entsprechend geringen Eigenschaftsunterschieden sind und demzufolge zwischen derartigen Systemen größere Analogien bestehen, als man allgemein anzunehmen geneigt ist.

Der Autor dankt Herrn *U. Schröter* für die sorgfältige Durchführung experimenteller Arbeiten sowie Frau *Ch. Schachtschneider* für die präzise Ausführung der massenspektrometrischen Isotopenanalysen.

Eingegangen am 15. 10. 1980

Literatur

[1] *P. Harting, H. Schütze, G. Christoph*, Isotopenpraxis **12** (1976) 232
[2] *P. Harting*, Isotopenpraxis **14** (1978) 99
[3] *H. Schütze, H. Hübner, F. May, D. Mißbach, U. Wand*, ZfI-Mitteilungen (1976) 5, 247
[4] *E. Klots, B. Benson*, J. Chem. Phys. **38** (1963) 890
[5] *E. M. Galimov*, Die Isotope des Kohlenstoffs in der Erdöl- und Erdgasgeologie (russ.), Isdatjelstvo „Nedra", Moskau 1973
[6] *J. C. Vogel, P. M. Grootes, W. G. Mook*, Z. für Phys. **230** (1970) 225
[7] *R. F. Weiss*, Science **168** (1970) 247
[8] *F. Abou El-Nour, P. Harting, H. Schütze*, Isotopenpraxis **13** (1977) 296
[9] *J. Heybey, R. Schmunck, H. Schütze*, ZfI-Mitteilungen (1976) 5, 232
[10] *P. Harting, I. Maaß*, ZfI-Mitteilungen (1980) 30, 13
[11] *H. Schütze, M. Mohnke*, Isotopenpraxis, **17** (1981) 159
[12] *P. Harting*, bisher unveröffentlichte Ergebnisse
[13] *G. Long, G. L. Chierici*, Solubilita dei gas naturali in acque fossili a pressione e temperatura di giacimento, Accacemia dei Lincei; Atti del Convegno di Milano, 1957
[14] *T. D. O'Sullivan, N. O. Smith*, J. Phys. Chem. **74** (1970) 1460

Einfluß von schwerem Wasser auf isolierte Rattenlebermitochondrien

G. Hübner

(Zentralinstitut für Isotopen- und Strahlenforschung der Akademie der Wissenschaften der DDR, Leipzig)[1])

Herrn Prof. Dr.-Ing. *J. Mühlenpfordt* zum 70. Geburtstag gewidmet

Die Geschwindigkeit des O_2-Verbrauchs isolierter Rattenleber-Mitochondrien wurde polarographisch mittels einer Clark-Elektrode bei 25 °C im aktiven (State 3), streng gekoppelten (State 4) und entkoppelten Zustand der Mitochondrien in $H_2{}^{16}O$, $D_2{}^{16}O$ (93 at-% D) oder $H_2{}^{18}O$ (68 at-% ^{18}O) bestimmt.

Die Ergebnisse bestätigen die Größe des D_2O-Isotopieeffektes in Form einer Hemmung des O_2-Verbrauchs. In $H_2{}^{18}O$ ist im Zustand der kontrollierten Atmung (State 4) kein Isotopieeffekt festzustellen. Im Gegensatz dazu ist im aktiven Zustand nach ADP-Zugabe (State 3) und im entkoppelten Zustand nach DNP-Zugabe ein großer inverser Isotopieeffekt zu finden. Ein solcher inverser Isotopieeffekt tritt bei Reaktionen mit vorgelagertem Gleichgewicht auf. Entsprechend der chemiosmotischen Hypothese der oxydativen Phosphorylierung ist die Bildung von Hydronium-Ionen Teil dieser Reaktion. Die Gleichgewichtskonstante $k_2 = 0{,}9774$ für das Hydronium-Ion im System $H_2{}^{16}O/H_2{}^{18}O$

$$H_3{}^{18}O^+ + H_2{}^{16}O \overset{k_2}{\rightleftharpoons} H_3{}^{16}O^+ + H_2{}^{18}O$$

weist darauf hin, daß die Bildung des Hydronium-Ions in $H_2{}^{18}O$ gegenüber $H_2{}^{16}O$ bevorzugt ist. Der hohe inverse $H_2{}^{18}O$-Isotopieeffekt im aktiven Zustand (State 3) der Atmung zeigt, daß die Bildung von H_3O^+ Bestandteil des vektoriellen Protonentransports ist, wahrscheinlich als vorgelagertes Gleichgewicht, und daß im aktiven Zustand der Atmungskette diese Reaktion geschwindigkeitsbestimmend ist.

Keywords

heavy water; isotope effects; liver; mitochondria; oxygen 18; rats; respiratory systems

Der Einfluß von schwerem Wasser auf energieliefernde Reaktionen der Mitochondrien, auf die Wechselwirkung der Atmungskettenkomponenten und die oxydative Phosphorylierung war bereits in den 60er Jahren Gegenstand einer Reihe von Untersuchungen [1–5]. Hierbei konnte gezeigt werden, daß D_2O mit einer D-Häufigkeit über 95 at-% die Geschwindigkeit der O_2-Aufnahme der Mitochondrien um etwa 50% herabsetzt, daß die Geschwindigkeit der Reduktion künstlicher Elektronenakzeptoren durch DPNH und Succinat in D_2O um etwa 25% herabgesetzt ist und daß das P/O-Verhältnis in D_2O größer als in H_2O ist. In den letzten Jahren sind unsere Einblicke in den Mechanismus der oxydativen Phosphorylierung durch die Entwicklung der chemiosmotischen Theorie wesentlich erweitert worden [6, 7], so daß eine erneute Untersuchung des Einflusses von schwerem Wasser auf die oxydative Phosphorylierung unter Berücksichtigung dieser Erkenntnisse gerechtfertigt erscheint. Gleichzeitig wurde in vergleichenden Untersuchungen der Einfluß von $H_2{}^{18}O$ geprüft, um den Einfluß des Lösungsmittels unter Ausschaltung kinetischer Deuteriumisotopieeffekte erfassen zu können.

Material und Methoden

Weibliche Wistarratten gleichen Alters und Gewichts (150–200 g) wurden für die Versuche verwendet. Sie erhielten Labortierfutter und Wasser ad libitum. Nach Dekapitation wurde die Leber entnommen. Lebermitochondrien wurden präpariert nach *Schneider* [8] und bei 0 °C aufbewahrt.

Die Geschwindigkeit der O_2-Aufnahme wurde polarographisch mit einer *Clark*-Elektrode bei 25 °C in einem Medium folgender Zusammensetzung gemessen: 100 mM Saccharose, 75 mM KCl, 20 mM tris-HCl (*p*H 7,5), 2,5 mM $MgCl_2$, 4 mM anorganisches Phosphat, 8 mM Succinat, 2 µg Rotenon/ml und 1 mM EGTA. Die Atmungsgeschwindigkeiten und Atmungskontrollindices wurden in Anlehnung an *Estabrook* [9] berechnet. Die Proteinbestimmung erfolgte nach der *Biuret*-Methode [10].

In die Meßzelle wurden zur Ermittlung der Geschwindigkeit der Sauerstoffutilisation 2,5 ml des o. a. Mediums und Mitochondrien entsprechend einer Menge von 5 mg Protein eingebracht. Für die vergleichenden Untersuchungen mit isotop substituiertem Wasser wurden Medien gleicher chemischer Zusammensetzung mit D_2O (99,7 at-% D) bzw. $H_2{}^{18}O$ (72,3 at-% ^{18}O) als Lösungsmittel hergestellt. D_2O und $H_2{}^{18}O$ wurden von der Isocommerz, GmbH, Berlin-Buch, DDR, bezogen. Vor der Verwendung wurden $H_2{}^{16}O$, D_2O und $H_2{}^{18}O$ einmal über Kaliumpermanganat und anschließend zweimal destilliert, um Nebeneffekte durch Verunreinigungen auszuschließen [11]. Die Endkonzentration der isotopen Zusammensetzung des

[1]) Anschrift: 7050 Leipzig, Permoserstr. 15

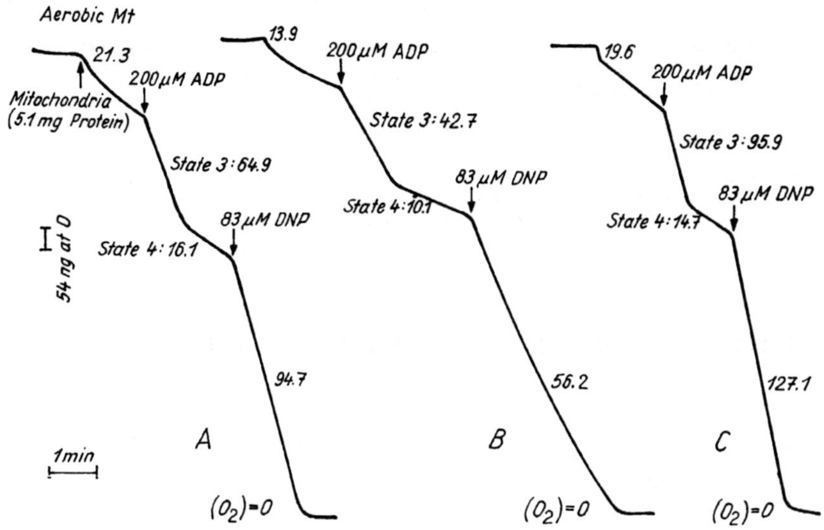

Abb. 1. Polarographische Messung des Sauerstoffverbrauchs isolierter Mitochondrien (ng at 0/mg Protein · min) A: in $H_2{}^{16}O$-Medium; B: in $D_2{}^{16}O$-Medium; C: in $H_2{}^{18}O$-Medium

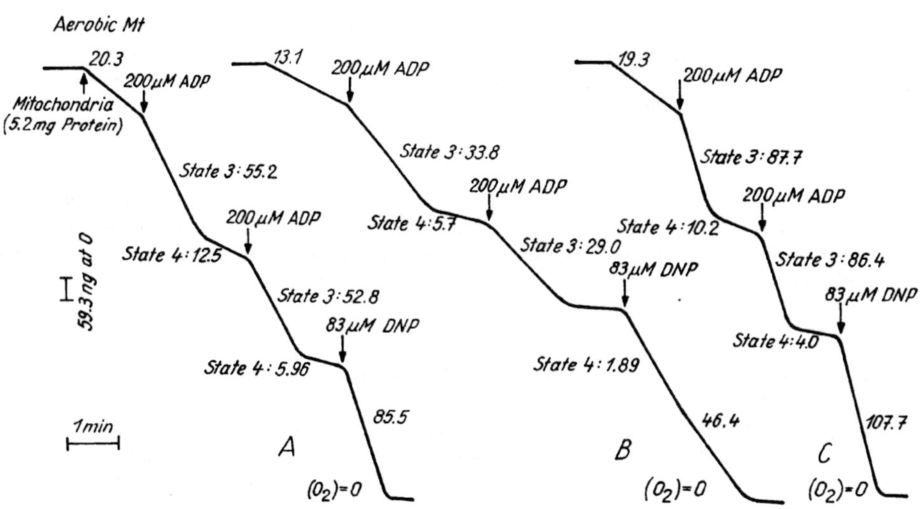

Abb. 2. Sauerstoffverbrauch isolierter Mitochondrien nach wiederholter ADP-Gabe (vgl. Abb. 1)

Tab. 1. D_2O-Isotopieeffekte für den O_2-Verbrauch von isolierten Mitochondrien sowie relative Änderungen des respiratorischen Kontrollindex (RCI) und des ADP/O-Verhältnisses (in Klammern: inverse Werte der Isotopieeffekte) Rel. D-Häufigkeit: 93 at-%

	V_1	V_2	V_3	V_{DNP}
1.	18,4/12,4:1,48	58,7/37,5:1,56	10,3/6,2:1,66	89,9/47,3:1,90
2.	22,6/13,4:1,69	61,9/39,8:1,56	17,0/9,9:1,72	97,2/53,4:1,82
3.	22,8/15,7:1,45	67,1/47,5:1,41	14,4/11,0:1,31	109,1/60,3:1,81
V_{H_2O}/V_{D_2O}	1,54 (0,65)	1,51 (0,66)	1,56 (0,64)	1,84 (0,54)
	RCI		ADP/O	
1.	5,70/6,04:0,94		1,21/1,45:0,83	
2.	3,65/4,01:0,91		1,38/1,57:0,88	
3.	4,66/4,32:1,08		1,52/1,63:0,93	
H_2O/D_2O	0,98 (1,02)		0,88 (1,14)	

Tab. 2. $H_2{}^{18}O$-Isoopieeffekte für den O_2-Verbrauch von isolierten Mitochondrien sowie relative Änderungen des respiratorischen Kontrollindex (RCI) und des ADP/O-Verhältnisses (in Klammern: inverse Werte der Isotopieeffekte) Rel. ^{18}O-Häufigkeit: 68 at-%

	V_1	V_2	V_3	V_{DNP}
1.	18,4/19,3:0,95	58,7/87,7:0,67	10,3/10,2:1,01	89,9/107,7:0,83
2.	22,6/20,5:1,10	61,9/91,9:0,67	17,0/16,0:1,06	97,2/122,5:0,79
3.	22,8/23,8:0,96	67,1/100,0:0,67	14,4/15,5:0,92	109,1/139,2:0,78
$V_{H_2{}^{16}O}/V_{H_2{}^{18}O}$	1,00 (1,00)	0,67 (1,47)	1,00 (1,00)	0,80 (1,25)
	RCI		ADP/O	
1.	5,70/8,60:0,66		1,21/1,40:0,86	
2.	3,65/5,74:0,63		1,38/1,57:0,88	
3.	4,66/6,45:0,72		1,52/1,63:0,93	
$H_2{}^{16}O/H_2{}^{18}O$	0,67 (1,49)		0,89 (1,12)	

Lösungsmittels im Ansatz betrug 92 at-% D bzw. 65 at-% ^{18}O.

Ergebnisse

Abb. 1 und 2 zeigen die polarographische Messung des O_2-Verbrauchs von Rattenlebermitochondrien im aktiven Zustand nach ADP-Gabe (State 3), im Zustand der Atmungskontrolle (State 4) und im entkoppelten Zustand (nach DNP-Zugabe) in $H_2{}^{16}O$, $D_2{}^{16}O$ und $H_2{}^{18}O$.

Die in Tab. 1 und 2 dargestellten Größen der gemessenen Isotopieeffekte wurden aus den Ergebnissen, die an 3 voneinander unabhängigen Präparationen von Rattenlebermitochondrien erzielt wurden, berechnet. Die Zahl der Einzelmessungen betrug in H_2O $n = 18$, in D_2O $n = 10$ und in $H_2{}^{18}O$ $n = 5$. Weitere 3 Mitochondrienpräparate erbrachten mit $H_2{}^{16}O$ und D_2O analoge Ergebnisse und sind hier nicht dargestellt.

Die Ergebnisse bestätigen die Größe des D_2O-Isotopieeffekts (Tab. 1) in Form einer Hemmung der O_2-Konsumtion. Der O_2-Verbrauch der Mitochondrien ist in H_2O um etwa 50% höher als in D_2O. Die Größe des D_2O-Isotopieeffekts ist im aktiven Zustand (State 3) und im Zustand der Atmungskontrolle (State 4) etwa gleich. Im entkoppelten Zustand (V_{DNP}) wird ein deutlich größerer Isotopieeffekt ($V_H/V_D = 1,9$) gemessen. Der respiratorische Kontrollindex wird (infolge gleicher Größe der Isotopieeffekte in State 3 und 4) nicht durch D_2O beeinflußt.

Die bereits von anderen Autoren [4, 5] berichtete Verbesserung des ADP/O-Verhältnisses in schwerem Wasser kann bestätigt werden.

Sehr interessant und unseres Wissens noch nicht beschrieben sind die $H_2{}^{18}O$-Isotopieeffekte (Tab. 2). In einem Medium, dessen Wasser 65 at-% ^{18}O enthält, ist im Zustand kontrollierter Atmung (State 4; auch V_1) kein Isotopieeffekt nachweisbar. Demgegenüber ist nach ADP-Gabe im aktiven Zustand (State 3) ein inverser Isotopieeffekt von überraschender Größe nachweisbar. Die Geschwindigkeit der O_2-Aufnahme ist in $H_2{}^{18}O$ um 50% höher als in $H_2{}^{16}O$. Auch im entkoppelten Zustand nach DNP-Gabe ist in $H_2{}^{16}O$ ein inverser Isotopieeffekt nachweisbar, die O_2-Aufnahme der Mitochondrien ist in $H_2{}^{18}O$ mit 65 at-% ^{18}O um ca. 20% gegenüber der Kontrolle beschleunigt. Aufgrund des inversen Isotopieeffekts im State 3 und des

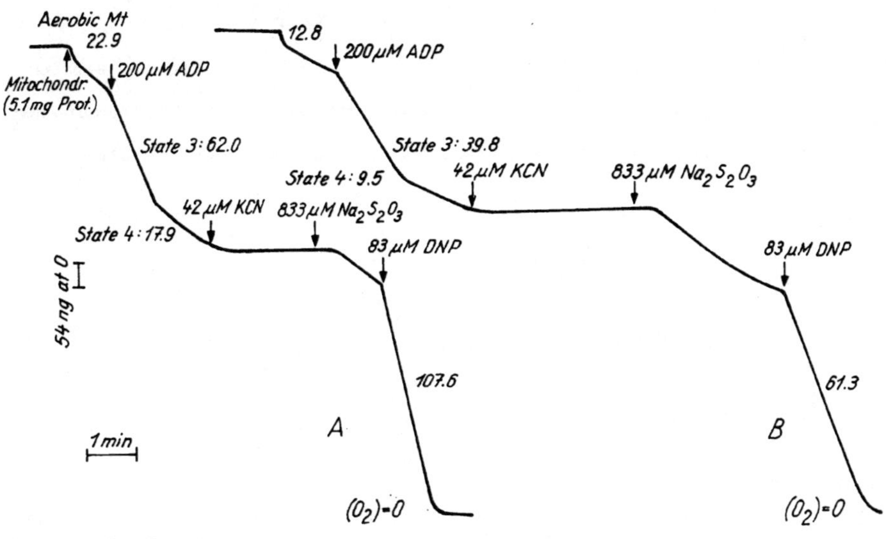

Abb. 3. Hemmung der O_2-Aufnahme isolierter Mitochondrien durch KCN
A: in H_2O-Medium; B: in D_2O-Medium

Fehlens eines Isotopieeffekts im State 4 zeigen die Mitochondrien in $H_2{}^{18}O$ einen höheren RCI.

Das ADP/O-Verhältnis wird in $H_2{}^{18}O$ ebenso wie in D_2O um etwa 15% verbessert.

In Abb. 2 sind polarographische O_2-Verbrauchsmessungen nach wiederholter ADP-Gabe dargestellt. Die niedrigeren Werte für V_2' und V_3' nach der zweiten ADP-Gabe weisen darauf hin, daß offenbar auch in D_2O und $H_2{}^{18}O$ das extramitochondriale ATP/ADP-Verhältnis die Atmungsgeschwindigkeit bestimmt, wie das für $H_2{}^{16}O$ nachgewiesen wurde [12].

Cyanid-insensitive Atmung, wie sie beim Einbringen von Leukocyten in D_2O beobachtet wurde [13], tritt bei Mitochondrien in D_2O nicht auf (Abb. 3).

Diskussion

Größe und Richtung der in D_2O beobachteten Isotopieeffekte entspricht den an anderen Enzymsystemen gemessenen Effekten des schweren Wassers. Der größere Wert des Isotopieeffekts im entkoppelten Zustand (V_{DNP}) weist darauf hin, daß unter diesen Bedingungen D-Bindungen in stärkerem Maße in die geschwindigkeitsbestimmende Reaktion einbezogen sind als bei V_1 bis V_3.

Die annähernd gleiche Größe des Isotopieeffekts von D_2O und $H_2{}^{18}O$ auf das ADP/O-Verhältnis weist darauf hin, daß für die Verbesserung dieses Verhältnisses in isotop substituiertem Wasser ein Lösungsmittel-Isotopieeffekt verantwortlich ist. Für die intakte Atmungskette besitzt der ADP/O-Quotient für die Oxydation von Succinat einen Wert von 2. Einfachste Erklärung für davon abweichende niedrigere Werte wäre eine partielle Durchlässigkeit der Membran für Protonen. Da sowohl D_2O als auch $H_2{}^{18}O$ strukturverfestigend wirken, wäre in diesen Lösungsmitteln als Folge eines Lösungsmittelisotopieeffekts eine geringere Protonenpermeabilität der Membran zu postulieren.

Inverse Isotopieeffekte können als Folge mehrerer Teilschritt-Isotopieeffekte oder vorgelagerter Gleichgewichte, die sich auf den Isotopieeffekt der Gesamtreaktion unterschiedlich auswirken, auftreten. Sie treten am häufigsten bei Lösungsmittelreaktionen auf. Sie sind auch bei sekundären Isotopieeffekten möglich, und zwar dann, wenn im Übergangszustand die Bindung mit dem schweren Isotop fester ist als die mit dem leichten Isotop [14]. Der Isotopieeffekt für das Hydroniumion

$$H_3{}^{18}O^+ + H_2{}^{16}O \overset{k_2}{\rightleftharpoons} H_3{}^{16}O^+ + H_2{}^{18}O$$

$$k_2 = 1{,}2752/1{,}3047 = 0{,}9774$$

zeigt [15], daß $H_3{}^{16}O^+$ eine stärkere Säure als $H_3{}^{18}O^+$ ist. Der Isotopieeffekt k_2 für den Wechsel von O= (neutral) zu $^+O\equiv$ (positiv geladen) bedeutet, daß die Bildung positiver Ladung am schweren gegenüber dem leichten Sauerstoffatom bevorzugt ist. Eine Reaktion wie die Enolisierung durch Waser als Base, bei der eine positive Ladung am Sauerstoffatom im Übergangszustand gebildet wird, kann daher einen inversen kinetischen Isotopieeffekt aufweisen.

Die chemiosmotische Theorie der oxydativen Phosphorylierung postuliert, daß die Atmungskette ein chemiosmotisches, membrangebundenes System mit einer charakteristischen vektoriell gerichteten $\leftarrow H^+/2e^-$-Stöchiometrie darstellt. Der hohe inverse $H_2{}^{18}O$-Isotopieeffekt im State 3 zeigt, daß an diesem Protonentransport die Bildung von H_3O^+ beteiligt (evtl. vorgelagert) ist und daß der Protonentransport im aktiven Zustand der Atmungskette den geschwindigkeitsbestimmenden Schritt darstellt.

Frau *R. Brinkmann* danke ich für sorgfältige technische Assistenz.

Abkürzungen

DNP:	2,4-dinitrophenol
Tris:	tris-hydroxymethyl-aminomethane
RCI:	respiratory control index
EGTA:	ethylene glycol-bis-(β-aminoethylether)-N,N'-tetraacetic acid
ADP:	adenosine diphosphate

Eingegangen am 25. 7. 1980
Überarbeitete Fassung: 5. 10. 1980

Literatur

[1] *H. Laser, E. C. Slater*, Nature **187** (1960) 1115
[2] *D. D. Tyler, R. W. Estabrook*, J. Biol. Chem. **241** (1966) 1672
[3] *H. Baum, J. S. Rieske*, Biochem. Biophys. Res. Comm. **24** (1966) 1
[4] *S. A. Margolis, H. Baum, G. Lenaz*, Biochem. Biophys. Res. Comm. **25** (1966) 133
[5] *S. Muraoka, E. C. Slater*, Biochim. Biophys. Acta **162** (1968) 170
[6] *P. Mitchell*, Angew. Chemie **91** (1979) 718
[7] *G. von Jagow*, Naturwissenschaften **66** (1979) 539
[8] *W. C. Schneider*, J. Biol. Chem. **176** (1948) 259
[9] *R. W. Estabrook*, Meth. Enzym. **10** (1967) 41
[10] *A. G. Gornall, C. S. Bardawill, M. M. David*, J. Biol. Chem. **177** (1949) 751
[11] *A. I. Schatenstein*, Isotopenanalyse des Wassers, VEB Deutscher Verlag der Wissenschaften, Berlin 1960, S. 153
[12] *M. Reichert, H. Schaller, W. Kunz, G. Gerber*, Acta biol. med. germ. **37** (1978) 1167
[13] *M. Nakamura, A. Nakagawara, S. Minakami*, Exp. Cell. Res. **102** (1976) 429
[14] *P. Krumbiegel*, Isotopieeffekte WTB 77 Akademie-Verlag, Berlin 1970
[15] *E. R. Thornton*, J. Am. Chem. Soc. **84** (1962) 2474

NMR Experiments on Ion Permeation in Irradiated Model Membranes

H. Sprinz, E. Winkler, H. Schäfer

(Academy of Sciences of the GDR, Central Institute for Isotope and Radiation Research, Leipzig)[1])

Herrn Prof. Dr.-Ing. *J. Mühlenpfordt* zum 70. Geburtstag gewidmet

In aqueous solutions of sonicated egg-lecithin vesicles (5 weight-%) the ^{1}H-NMR parameters line width, area, and chemical shift of the signal of the $(CH_3)_3N^+$ group were determined in dependence on the dose of gamma radiation (0 ... 12 kGy). The application of europium ions made it possible, by means of a line shape analysis, to calculate these parameters for the inside as well as for the outside lipid layer.

With increasing ^{60}Co-radiation dose the line widths increase linearly. The line width for the outside lipid layer increases significantly more rapidly than for the inside layer. This fact allows us to conclude that there exists a preferred radiation damage of the outside lipid layer. The asymmetry may be a consequence of an indirect radiation action mediated by the radicals of the water radiolysis.

From the temporal change of the NMR parameters information can be obtained about the radiation action on transport processes in the vesicles. Beginning at a threshold value (approx. 5 kGy) the permeation of the Eu^{+++} ions to the $(CH_3)_3N^+$ head groups previously not accessible increases significantly.

Keywords

europium ions; gamma radiation; irradiation; lecithins; membranes; nuclear magnetic resonance; permeability

1. Introduction

It is known from many investigations (e.g. [1, 2]) that ionizing radiation produces structural changes in lipid bilayers. As these experiments were performed in aqueous media, the indirect radiation action mediated by the radicals of the water radiolysis dominates over the direct interaction with gamma quanta. Therefore a diffusion of the radicals to the membrane surface and a permeation of the radicals into the membrane are prerequisites to a change of the membrane. Among the radicals of the water radiolysis the OH radical has proved to be especially reactive (rate of the reaction with lecithin $5 \cdot 10^8\ M^{-1} s^{-1}$ [3]). As an uncharged particle OH diffuses much more easily into the lipid layer than, e.g., the hydrated electron. Especially the OH radical is capable of reaching the hydrophobic region of the bilayer and of oxidizing the unsaturated fatty acids [2]. By means of pulse radiolysis also a reaction with the head group of the lipid molecules was demonstrated [3].

With the aim to model a biomembrane many investigations on lipid bilayers are performed using closed vesicles. Therefore irradiation radicals are formed in the water outside as well as in the core of a vesicle. Up to a lipid concentration of approx. 0.1 M the fraction of the water inside the vesicles amounts to only a few percent of the total water. One must suppose, therefore, that the outside layer interacts with many more radicals than the inside layer, the more so since the mean diffusion distance of an OH radical in water (50 nm) is greater than the inner diameter of a vesicle (20 nm), and the question arises if an asymmetry of the radiation action on the bilayer can be observed.

High-resolution NMR spectroscopy is a method to investigate such a problem. The pseudo-contact shift induced by lanthanide ions renders it possible to distinguish between the inside and outside $(CH_3)_3N^+$ groups of the lipid molecules [4].

[1]) Address: 7050 Leipzig, Permoserstr. 15, GDR

2. Materials and Methods

Egg lecithin was isolated according to *Singleton* et al. [5]. The liposomes were produced by ultrasound treatment in an ice water bath (9 min, 20 kHz, 70 W, ionifier tip directly immersing in the lecithin suspension) under an argon atmosphere. D_2O (99.7 at.-% D, Isocommerz GmbH) with NaCl or phosphate buffer was used as solvent. The irradiation was performed in a gamma irradiation equipment GB 77 (ZfI, Leipzig) with a dose rate of 90 Gy/min at room temperature. Eu^{+++} ions in the form of $EuCl_3$ were added after the irradiation. The samples were preserved for the whole time in nitrogen gas at room temperature in the dark.

NMR spectra were obtained by a BS 487 C spectrometer (TESLA, Brno). They were recorded with a speed of 0.5 Hz/s and plotted on paper tape by means of an S-3297.000 serialization device (VEB Funkwerk Erfurt). The resolution of the digitalization was 4 data/Hz. The spectral lines were separated using an ES 1040 digital computer (VEB Robotron). To model the line shape a *Lorentz*-curve proved to be best suited. For the two overlapping lines the parameters were calculated by nonlinear regression analysis. A programme, described by *Winkler* [6], was adapted for this purpose.

3. Results and Discussion

In the ^{1}H-NMR spectrum of egg lecithin only the contribution of the $(CH_3)_3N^+$ head groups is of interest for the following investigations. According to fig. 1a splitting of the head group signal is observed after addition of europium ions. The left, non-shifted signal must be assigned to the inside head groups while the shifted signals form the contribution of the outside lipid layer. This splitting results from the fact that the lanthanide ions are not permeable and therefore are only bound to the phosphate groups of the outside lipid layer.

Fig. 2 shows the action of gamma radiation on the fraction of the area of the signal of the inside head groups. This

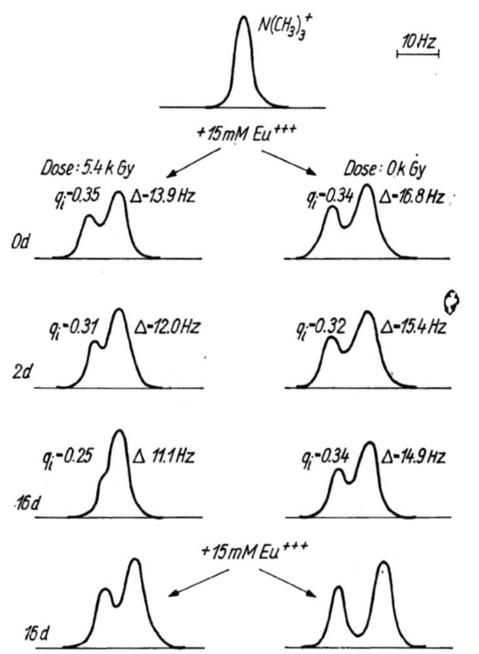

Fig. 1. The promotional effect of gamma irradiation on the penetration of Eu^{+++} ions into bilayer vesicles
solvent: D_2O

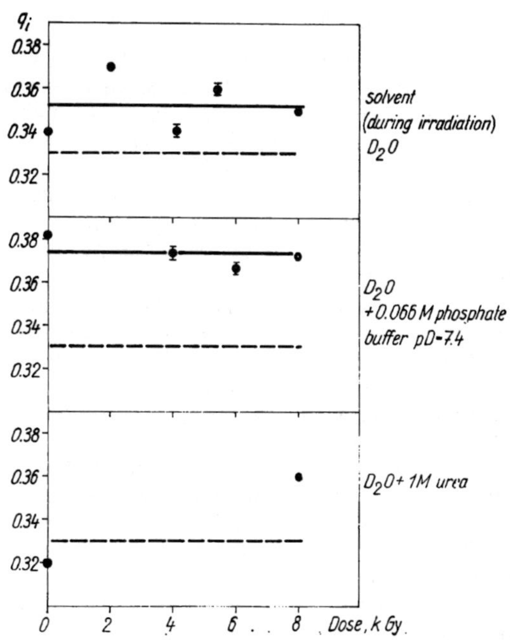

Fig. 2. Fraction q_i of the area for the internal $(CH_3)_3N^+$ protons as a function of the gamma irradiation dose
— — — fraction derived from assumed geometrical data of vesicles (diameter: 30 nm, polar head group distance: 4·5 nm)

fraction is somewhat greater than the value which can be calculated from the geometry. Therefore the existence of a small proportion (up to approx. 10%) of multilayer liposomes cannot be excluded. Immediately after irradiation this area fraction remains constant, according to fig. 2. This means that the vesicles are still intact after irradiation.

An interesting result is given by the comparison of the line widths of the inside and the outside signal at different doses (fig. 3). With increasing radiation dose the line widths increase linearly. But one can clearly see that the line width

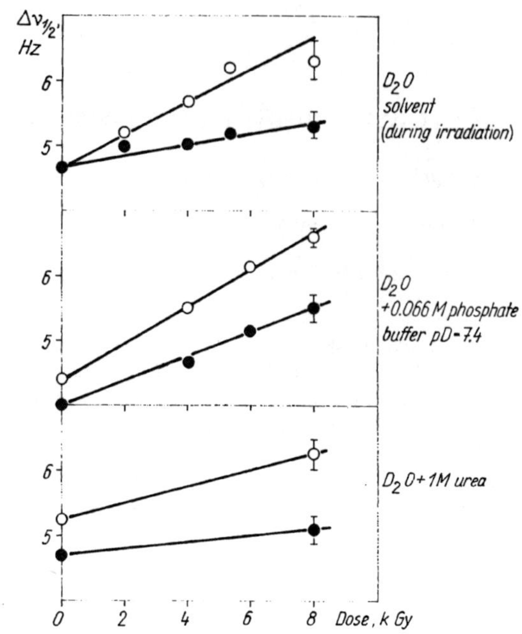

Fig. 3. Line width ($\Delta\nu_{1/2}$) for the $(CH_3)_3N^+$ protons as a function of the dose
○ outside; ● – inside

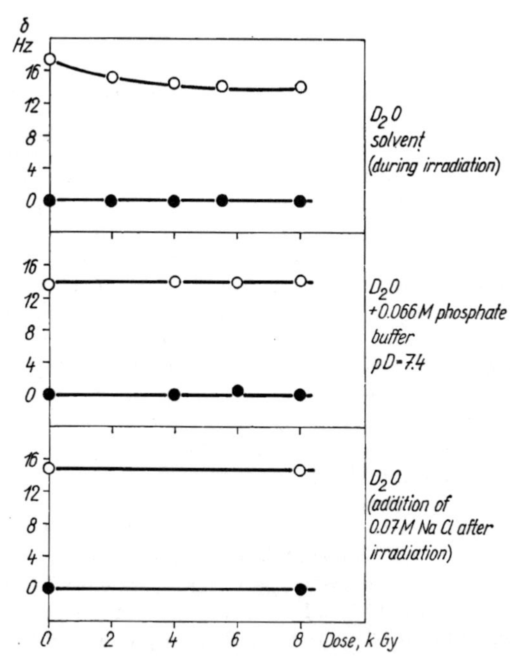

Fig. 4. Chemical shifts for the $(CH_3)_3N^+$ protons (○ – outside, ● – inside) of sonicated aqueous dispersions of lecithin with 15 mM $EuCl_3$ as a function of the gamma irradiation dose

for the outside lipid layer increases more rapidly than for the inside layer. This effect can be observed in the ion-free medium as well as in the buffered system. Also after a modification of the water structure by urea this difference still exists. From this it can be concluded that the radicals of the water radiolysis are captured mainly in the outside lipid layer and that there the radical reactions take place which lead to a larger broadening of this signal. The reasons for this irradiation-induced broadening may be:

– The hindrance of mobility of the head groups by radiolytic products [7]

– Some long-lived radicals produced during irradiation which are incorporated into the membrane.

But irrespective of the detailed mechanism the statement holds: Already a monolayer of lipids forms a noticeable barrier for the radicals of water radiolysis. Such an effect of an asymmetric radiation damage of a bilayer has not yet been described in the literature. This asymmetry of the radiation action on membranes may be of interest in biological problems.

The line widths are influenced by radiation in all media used while according to fig. 4 the signal positions are changed by the radiation only in the ion-free medium. This can be explained by an influence on electric potentials due to radiolysis products, which may lower the binding capacity for europium ions [8, 9]. The significance of electrostatic effects can be proved indirectly, as the shift of the signal does not occur in samples to which NaCl was added after irradiation in D_2O (fig. 4).

The NMR experiments also allow us to investigate the influence of the gamma radiation on the penetration of the europium ions into the vesicles. As is known [10] a concentration equilibration of an impermeable ion can occur during a fusion of vesicles between the internal and the external medium. This process is expressed in the NMR spectrum by a decrease of the area fraction of the signal at low field strength (of the signal of those inner head groups which have no contact to Eu^{+++} ions). Though, because of the use of egg lecithin, the conditions for a study of fusion processes are not favourable, qualitative conclusions are nevertheless possible about the influence of radiation on the permeation process of europium ions. Fig. 5 gives the first-order rate constants for the decrease of the area fraction of the signal mentioned above. It seems that at small doses a concentration equilibration of the europium ion takes place only for a small number of vesicles. But above a threshold value of the dose the penetration of the europium ions rapidly increases. Obviously above a certain concentration of radiolysis products the transformation process of the vesicles is markedly accelerated. This corresponds to observations of *Kantor* et al. [10] who investigated the rate of the fusion in dependence on the content of free fatty acids. Above a threshold value of 15 mol.-% fatty acid the fusion process is markedly accelerated.

Besides the concentration equilibration of the europium ion which occurs only for a fraction of the vesicles (approx. 30%) most of the vesicles show another effect (fig. 6), a steady increase of the Eu^{+++} concentration at those head groups which are screened against the europium at the beginning of the experiment. Also this process strongly depends on the dose.

Summarizing these observations one can conclude that for the lecithin concentration used in the experiment the dose of 5 kGy represents a threshold value for the starting of transformation processes of the vesicles and for the permeation of europium ions.

Received October 9, 1980

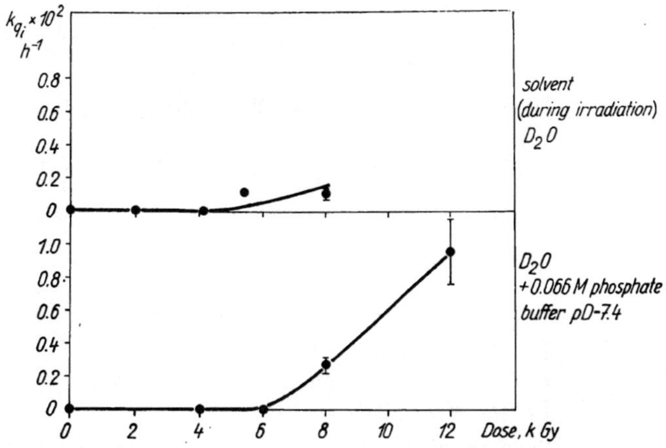

Fig. 5. Initial rates for the vesicle transformation as a function of the dose
The rates are determined from the decrease of the fraction q_i as a function of time at 25 °C

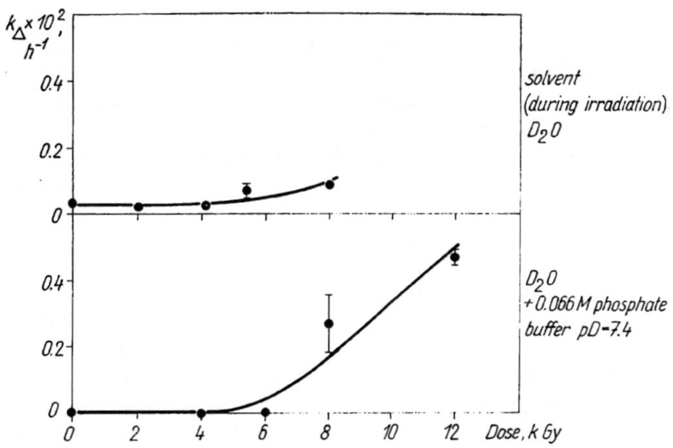

Fig. 6. Initial rates for the Eu^{+++} penetration as a function of the dose. The rates are determined from the decrease of the line distance Δ as a function of time at 25 °C

References

[1] *D. F. H. Wallach*, Biomembranes **5** (1974) 213

[2] *A. Petkau, W. S. Chelack*, Biochim. Biophys. Acta **433** (1976) 445

[3] *D. J. W. Barber, J. K. Thomas*, Radiat. Res. **74** (1978) 51

[4] *V. F. Bystrov, N. I. Dubrovina, L. I. Arsukov, L. D. Bergelson*, Chem. Phys. Lipids **6** (1971) 343

[5] *W. S. Singleton, M. S. Grey, M. L. Brown, J. L. White*, J. Amer. Oil Chem. Soc. **42** (1965) 53

[6] *E. Winkler*, Biometr. Z. **16** (1974) 259

[7] *A. G. Lee, N. J. M. Birdsall, Y. K. Levine, J. C. Metcalfe*, Biochim. Biophys. Acta **255** (1972) 43

[8] *R. E. Kay, R. C. Bean*, Adv. Biol. Med. Phys. **13** (1970) 235

[9] *H. Grasdalen, L. E. G. Eriksson, J. Westman, A. Ehrenberg*, Biochim. Biophys. Acta **469** (1977) 151

[10] *H. L. Kantor, J. H. Prestegard*, Biochemistry **17** (1978) 3592

Nitridokomplexe des Technetium(V)

L. Kaden, B. Lorenz, K. Schmidt, H. Sprinz, M. Wahren

(AdW der DDR, Zentralinstitut für Isotopen- und Strahlenforschung)[1]

Herrn Prof. Dr.-Ing. *J. Mühlenpfordt* mit den besten Wünschen zum 70. Geburtstag gewidmet

Folgende Komplexe des fünfwertigen Technetiums wurden dargestellt und charakterisiert:

$TcNCl_2[P(C_6H_5)_3]_2$ *(A)*
$TcNCl_2(PR_2C_6H_5)_3$ $[R = CH_3$ *(B)* bzw. C_2H_5 *(C)]*
$TcN[(C_2H_5)_2NCS_2]_2$ *(D)*

Die Darstellung von (A) erfolgt analog der des entsprechenden Rheniumkomplexes; (B), (C) und (D) wurden durch Reaktion von (A) mit überschüssigem $PR_2C_6H_5$ *bzw.* $Na(C_2H_5)_2NCS_2$ *durch Substitutionsreaktionen erhalten.*
Die genannten Komplexe sind bemerkenswert hydrolysebeständig. Ihre IR- und ^1H*-NMR-Spektren werden diskutiert.*

Keywords

chemical preparation; coordination number; nitrogen; spectra; technetium 99; technetium complexes

Eine Reihe von Übergangsmetallverbindungen ist in der Lage, bei Raumtemperatur und Normaldruck die Reduktion von elementarem Stickstoff zu Ammoniak durch starke Reduktionsmittel zu katalysieren. Als Zwischenstufen bei dieser von *Volpin* und *Shur* [1] entdeckten komplexen Reaktion werden allgemein intermediäre Distickstoffkomplexe angesehen, die unter Elektronenaufnahme schließlich in nitridartige Zwischenprodukte übergehen [2].

Wir fanden, daß auch Verbindungen des Elements Technetium diese Reaktion katalysieren. Mit dem Komplex $TcCl_4(PPh_3)_2$ erhielten wir in Tetrahydrofuran mit dem Radikalanion des Naphthalins in Form von Lithiumnaphthalid als Reduktionsmittel eine Ausbeute von 0,7 Mol NH_3/Mol Tc-Verbindung. Diese Ausbeute liegt deutlich höher als bei benachbarten Elementen und wird nur von Titanverbindungen übertroffen. Es gelang uns nicht, Zwischenstufen zu isolieren, das ist fast generell bei den *Volpin-Shur*-Reaktionen der Fall; es gelang uns aber, auf ähnlichem Wege den ersten beständigen N_2-Komplex des Technetiums darzustellen [3].

Als weitere mögliche Zwischenprodukte dieser Reaktion waren die bisher unbekannten Nitridokomplexe des Tc anzusehen, deren Darstellung und Eigenschaften im folgenden beschrieben werden.

In Analogie zur Darstellung der bereits von *Chatt* und Mitarb. [4a, b] untersuchten Nitridokomplexe des Rheniums setzten wir Pertechnetat mit Hydrazindihydrochlorid und Triphenylphosphan um. Dabei entsteht in guter Ausbeute eine Komplexverbindung der Formel $TcNCl_2 \times [P(C_6H_5)_3]_2$ (A) mit formal fünfwertigem Technetium. (A) ist luftbeständig, von ziegelroter Farbe und schmilzt bei 500 K.

Koordinationsverbindungen des niederwertigen Technetiums wurden bisher aus Pertechnetat überwiegend mit Phosphanen im Überschuß [5], aber auch mit $SnCl_2 \cdot 2\,H_2O$ [6] oder $NaBH_4$ [7] als Reduktionsmittel dargestellt. Wir untersuchen zur Zeit den Bildungsmechanismus von A, bei dem die Reduktion von Tc(VII) zu Tc(V) entweder durch Triphenylphosphan oder Hydrazinsalz oder durch beide bewirkt werden kann.

[1]) Anschrift: 7050 Leipzig, Permoserstraße 15

Im IR-Spektrum (KBr) von (A) ist wie bei der analogen Rheniumverbindung [4b] keine Zuordnung für eine entsprechende Metall-Stickstoff-Schwingung möglich.

Durch Austausch der Triphenylphosphanliganden lassen sich aus (A) weitere Nitridokomplexe gewinnen; dabei kann die Koordinationszahl 5 beibehalten oder auf 6 erhöht werden.

Mit stärker basischen Phosphanen wie Dimethylphenyl- bzw. Diethylphenylphosphan im Überschuß (1:18) reagiert (A) in siedendem Benzen zu sechsfachkoordinierten Technetiumverbindungen folgenden Typs $TcNCl_2(PR_2C_6H_5)_3$ $[R = CH_3$ (B) bzw. C_2H_5 (C)], Nitridodichloro-tris-(dialkylphenylphosphan)-technetium(V). Sowohl (B) als auch (C) kristallisieren aus benzolischer Lösung als gelbe, an der Luft beständige Substanzen mit folgenden Schmelzpunkten (B) = 443–444 K; (C) = 371–372 K. Das IR-Spektrum von (B) (KBr) weist gegenüber dem IR-Spektrum von $TcCl_3[P(CH_3)_2\,C_6H_5]_3$ neben den gleichen Ligandenschwingungen eine neue scharfe Bande bei 1048 cm^{-1} auf, die der Valenzschwingung $\nu_{Tc \equiv N}$ zugeordnet werden kann. Im IR-Spektrum von (C) sind die gleichen Ligandenschwingungen wie im Komplex $TcCl_3[P(C_2H_5)_2C_6H_5]_3$ nachweisbar, jedoch mit einer deutlichen Intensitätserhöhung der bei 1038 cm^{-1} liegenden Bande. Durch Vergleich mit dem IR-Spektrum von (B) ($\nu_{Tc \equiv N} = 1048\ cm^{-1}$) ist es möglich, diese Intensitätserhöhung durch eine Überlagerung mit einer Metall-Stickstoff-Schwingung zu erklären ($\nu_{Tc \equiv N} = 1038\,cm^{-1}$). Das ^1H-NMR-Spektrum von (B) in Benzen-D_6 liefert CH_3-Signale bei 1,2 ppm und bei 1,9 ppm, die sich intensitätsmäßig wie 1:2 verhalten. Das letztere Signal zeigt eine deutliche Aufspaltung von 17 Hz, die auf die Kopplung mit ^{31}P zurückgeführt werden kann. Diese Befunde deuten auf eine mer-Konfiguration der Phosphanliganden hin. Die Substanz (C) zeigt ein analoges ^1H-NMR-Spektrum, denn die Methylenprotonen liefern Signale bei 1,5 ppm und bei 2,1 ppm, die ebenfalls ein Intensitätsverhältnis 2:1 aufweisen. Die Signale der Methylgruppen liegen bei ca. 1 ppm. Weder bei (B) noch bei (C) sind NH-Signale nachweisbar.

Umsatz von (A) mit Natriumdiethyldithiocarbamat in siedendem Aceton führt zur Bildung von gelben Kristallen, die bei 529–531 K schmelzen. Die analytischen Daten ergaben folgenden Verbindungstyp $TcN[(C_2H_5)_2NCS_2]_2$ (D), Nitrido-bis-(diethyldithiocarbamato)-technetium(V) mit der Koordinationszahl 5. Das IR-Spektrum zeigt die für Dithiocarbamat typischen Valenzschwingungen $\nu_{C=S}$ (1074 cm^{-1}) und ν_{C-N} (1520 cm^{-1}). Die Zuordnung einer Technetium-Stickstoff-Schwingung war wie bei (A) nicht möglich.

Das ^1H-NMR-Spektrum von (D) in CD_2Cl_2 liefert scharfe Signale für die Methylprotonen bei 1,3 ppm und für die Methylenprotonen bei 3,6 ppm. Phenylprotonen und NH-Signale sind nicht nachweisbar. Die geringen Linienbreiten in (B), (C) und (D) deuten auf Diamagnetismus der Komplexe hin, im Gegensatz zum paramagnetischen Verhalten des Distickstoffkomplexes [3].

Sämtliche Verbindungen sind äußerst stabil gegenüber Hydrolyse. So konnte nach zweistündigem Kochen in 2 N HCl in der Lösung kein Ammoniak nachgewiesen werden, was eindeutig für die Stabilität der Tc-N-Dreifachbindung spricht. Alle neu dargestellten Technetiumverbindungen zeigen somit das gleiche chemische Verhalten wie die analogen Rheniumverbindungen [4a, b; 8] und sind keine Analoga der hydrolyseempfindlichen Zwischenstufe bei der *Volpin-Shur*-Reduktion von N_2 mit Tc-Verbindungen.

Experimentelles

Nitridodichloro-bis-triphenylphosphantechnetium (V) (A)

1 g Hydrazindihydrochlorid (9,5 m mol) in 5 ml Wasser sowie 5 g (20 m mol) Triphenylphosphan in 200 ml Ethanol wurden zu einer Lösung von 800 mg NH_4TcO_4 (4,4 m mol) in 10 ml 0,5 N HCl zugegeben und unter Ar zum Sieden erhitzt. Zur Reaktionsmischung werden tropfenweise 250 ml Benzen gegeben, und das ternäre Gemisch Benzen/Ethanol/Wasser wird abdestilliert. Aus der verbleibenden ethanolischen Lösung scheidet sich (A) als ziegelroter Niederschlag ab. Das Rohprodukt wird aus Benzen/Ethanol umkristallisiert.

Fp: 500 K	Ausbeute: 2,2 g (70%)		
$C_{36}H_{30}Cl_2NP_2Tc$ (A)			
ber.: C 61,0%	N 2,0%	P 8,8%	Cl 10,0%
gef.: C 61,7%	N 2,0%	P 8,5%	Cl 10,8%

Nitridodichloro-tris(dimethylphenyl)phosphantechnetium (V) (B)

1,84 g (A) (2,6 m mol) wurden in 300 ml Benzen suspendiert und mit 6,7 g Dimethylphenylphosphan (48,6 m mol) 9 h am Rückfluß unter Ar gekocht. Das Lösungsmittel wurde bis auf 30 ml abdestilliert und die gleiche Menge Ether zugesetzt. Aus der Lösung fallen gelbe Kristalle aus.

Fp: 443–444 K	Ausbeute: 850 mg (55%)	
$C_{24}H_{33}Cl_2NP_3Tc$ (B)		
ber.: C 48,2%	N 2,3%	Cl 11,9%
gef.: C 48,8%	N 2,3%	Cl 12,1%

Nitridodichloro-tris(diethylphenyl)phosphantechnetium(V) (C)

wurde analog zu (B) mit 8,1 g Diethylphenylphosphan dargestellt.

Fp: 371–372 K	Ausbeute: 780 mg (44%)	
$C_{30}H_{45}Cl_2NP_3Tc$ (C)		
ber.: C 52,8%	N 2,1%	Cl 10,4%
gef.: C 53,3%	N 2,1%	Cl 11,0%

Nitrido-bis(diethyldithiocarbamato)technetium (V) (D)

2,16 g (A) (3,1 m mol) wurden in 200 ml einer an Natriumdiethyldithiocarbamat · 3 H_2O gesättigten acetonischen Lösung 4 h am Rückfluß unter Ar gekocht. Die Lösung wurde heiß filtriert und zur Kristallisation stehen gelassen. Es resultierten tiefgelbe Kristalle.

Fp: 529–531 K	Ausbeute: 860 mg (70%)
$C_{10}H_{20}N_3S_4Tc$ (D)	
ber.: C 29,3%	N 10,3%
gef.: C 29,6%	N 10,5%

Reduktion von molekularem Stickstoff zu Ammoniak (Reaktion nach Volpin und Shur)

1 g Lithiumspäne wurden in 100 ml Tetrahydrofuran (THF) suspendiert, unter kräftigem Rühren wurden in Stickstoffatmosphäre 3 g Naphthalin zugegeben. Nach Bildung des Lithiumnaphthalids, angezeigt durch Violettfärbung der Lösung, wurden 1,54 g Tetrachloro-bis-triphenylphosphantechnetium(IV) zugegeben. Nach 12stündigem Rühren bei Raumtemperatur wurde die Reaktionsmischung über Glaswatte abgegossen. Unter Eiskühlung und im Stickstoffstrom wurde das Filtrat mit 2 N HCl/Methanol (1:3) hydrolysiert und bis auf ca. 30 ml eingeengt. Die Stickstoffbestimmung nach *Kjeldahl* ergab 23,8 mg $NH_3 \triangleq 0,7$ m mol/m mol Tc.

Eingegangen am 1. 10. 1980

Literatur

[1] *M. E. Volpin, V. B. Šhur,* Doklady Akad. Nauk SSSR **156** (1964) 1102

[2] a) *R. Maskill, J. M. Pratt,* J. chem. Soc. [London] (A) **1968**, 1914; b) *M. E. Volpin, V. B. Šhur,* Zh. Vses. Khim. Obshchestva im. D. I. Mendeleeva **12** (1967) 31

[3] *L. Kaden, B. Lorenz, K. Schmidt, H. Sprinz, M. Wahren,* Z. Chem. **19** (1979) 305

[4] a) *J. Chatt, J. D. Garforth, N. P. Johnson, G. A. Rowe,* J. chem. Soc. [London] **1964**, 1012; b) *J. Chatt, C. D. Falk, G. J. Leigh, R. J. Paske,* J. chem. Soc. [London] (A) **1969**, 2288

[5] *U. Mazzi, G. De Paoli, P. Di Bernardo, L. Magon,* J. inorg. nuclear. Chem. **38** (1976) 721

[6] *M. Moller,* Chemiker-Ztg. **103** (1979) 45

[7] *J. E. Smith, E. F. Byrne, F. A. Cotton, J. C. Sekutowski,* J. Amer. chem. Soc. **100** (1978) 5571

[8] *J. F. Rowbottom, G. Wilkinson,* J. chem. Soc., Dalton Trans. **1972**, 826

Isotopenfraktionierungseffekte in Disproportionierungsreaktionen von Diimin- und Hydrazinderivaten

S. Rummel, B. Bayerl, I. Heine, M. Wahren

(AdW der DDR, Zentralinstitut für Isotopen- und Strahlenforschung)[1]

Herrn Prof. Dr.-Ing. *J. Mühlenpfordt* mit den besten Wünschen zum 70. Geburtstag gewidmet

Bei der Disproportionierung von Diimin- und Hydrazinderivaten kommt es zu einer Fraktionierung der Stickstoffisotope in den Reaktionsprodukten im Vergleich zum Ausgangsprodukt. Untersuchungen im Bereich der natürlichen Häufigkeiten der Stickstoffisotope ergaben stets eine relative Anreicherung des ^{15}N-Isotops im Reaktionsprodukt mit der größeren Anzahl von Schwingungsfreiheitsgraden.

Keywords

isotope effects; isotope ratio; mass spectroscopy; nitrogen 15; oxidation; reduction

1. Einleitung

Während in Reaktionen des allgemeinen Typs

$$(AX_1 + AX_2) + B \rightarrow (BX_1 + BX_2) + A \quad (1)$$

(X_1 und X_2 bezeichnen das leichte bzw. das schwere Isotop eines Elements)

die aus Isotopieeffekten resultierenden Isotopenfraktionierungen bei vollständigem Umsatz naturgemäß verschwinden, können bei Reaktionen des Typs

$$(AX_1 + AX_2) \rightarrow (BX_1 + BX_2) + (CX_1 + CX_2) \quad (2)$$

bei denen aus einer Mischung der isotopen Ausgangsverbindungen ($AX_1 + AX_2$) zwei oder mehrere isotope Endprodukte entstehen, auch bei vollständigem Umsatz Isotopenfraktionierungen in den Reaktionsprodukten gegenüber dem Ausgangsprodukt eintreten. Ein solcher Reaktionstyp liegt z. B. bei Disproportionierungsreaktionen vor.

Im Zusammenhang mit Untersuchungen zum Mechanismus der komplexkatalytischen Reduktion von molekularem Stickstoff interessierte uns die Frage, ob und in welcher Richtung Isotopenfraktionierungseffekte bei der Disproportionierung von Diimin- und Hydrazinderivaten (als potentiellen Zwischenprodukten der Stickstoffreduktion) auftreten.

2. Ergebnisse und Diskussion

$Cr(CO)_5NH{=}NHCr(CO)_5$

Die Verbindung wurde 1974 erstmals von *Sellmann* [1] hergestellt und charakterisiert. Sie kann als Modellverbindung für die bei der Stickstoffreduktion in protischen Medien vermutete Diiminzwischenstufe angesehen werden. Bei Zugabe katalytischer Mengen $KOCH_3$ ($\sim$ 3 mg in 0,5 ml Methanol) zur THF-Lösung des Diiminkomplexes (80 mg in 4 ml THF) disproportioniert der Komplex analog dem freien Diimin gemäß Gleichung 3

$$Cr(CO)_5NH{=}NHCr(CO)_5 \rightarrow N_2 + Cr(CO)_5NH_2{-}NH_2Cr(CO_5) \quad (3)$$

in N_2 und den entsprechenden Hydrazinkomplex. Im Gegensatz zum freien Diimin verläuft die Disproportionierung des komplexen Diimins wegen der Erhöhung der Acidität der NH-Protonen nach einem ionischen Mechanismus [1].

Die isotopenanalytischen Untersuchungen von Ausgangsprodukt und Endprodukten mit Hilfe der Präzisionsmassenspektrometrie (M 86, Varian MAT) im Bereich der natürlichen Häufigkeiten der Stickstoffisotope ergaben: $\delta^{15}N$ Diiminkomplex = 16,5‰; $\delta^{15}N$ Stickstoff = 10,5‰; $\delta^{15}N$ Hydrazinkomplex = 23,3 ‰.[2])

Dies entspricht einer Anreicherung von ^{15}N im gebildeten Hydrazinkomplex und einer Abnahme im gebildeten N_2.

$CuCl \cdot NH{=}NH \cdot NaCl \cdot 5\,H_2O$

1970 synthetisierte *Ohme* [2] eine Komplexverbindung, für die folgende Summenformel angegeben wurde:

$$CuCl \cdot NH{=}NH \cdot NaCl \cdot 5\,H_2O$$

Der frisch gefällte Komplex zeigt ebenfalls die für Diimin typischen Disproportionierungsreaktionen. In wäßriger Suspension reagiert die Verbindung unter Bildung von N_2 und Hydrazin. Auch in dieser Reaktion kommt es zu einer ungleichen Verteilung der Stickstoffisotope in den Endprodukten gegenüber der eingesetzten Komplexverbindung:

$$\delta^{15}N_{\text{Komplexverbindung}} = 9{,}6\ ‰, \quad \delta^{15}N_{N_2} = -0{,}5\ ‰,$$

$$\delta^{15}N_{N_2H_4} = +\,13{,}7\ ‰$$

Nach Angaben von *Borodko* [3] handelt es sich bei dem Komplex nicht um einen Diiminkomplex, sondern um einen Cu(II)-Komplex des Hydrazins, der in wäßriger Lösung unter Bildung von Diimin reagiert, das seinerseits in Stickstoff und Hydrazin disproportioniert. Die angeführte unausgewogene Isotopenbilanz in den Disproportionierungsexperimenten (einer Erniedrigung der $\delta^{15}N$-Werte um 10,1 ‰ im gebildeten N_2 steht nur eine Erhöhung des $\delta^{15}N$-Wertes im gebildeten Hydrazin von 4,1 ‰ gegenüber) deutet ebenfalls in diese Richtung.

Alkalische Zersetzung von Hydroxylamin-O-sulfonsäure

Anhand seiner spezifischen Hydriereigenschaften konnte die intermediäre Bildung von Diimin im Prozeß der alka-

[1]) Anschrift: 7050 Leipzig, Permoserstr. 15

[2]) $\delta^{15}N = \left(\frac{(^{15}N/^{14}N)_{Probe}}{(^{15}N/^{14}N)_{Standard}} - 1\right) \cdot 1000‰$

lischen Zersetzung von Hydroxylamin-O-sulfonsäure von *Schmitz* [4] sicher nachgewiesen werden. Als Endprodukte der Umsetzung entstehen Stickstoff und Ammoniak (Gl. 4). Das als Zwischenprodukt gebildete Hydrazin reagiert mit der Säure gemäß Gl. (5) zu Ammoniak und Diimin:

$$3\,NH_2OSO_3^- \xrightarrow{OH^-} N_2 + NH_3 + SO_4^{--} \qquad (4)$$

$$NH_2OSO_3^- + N_2H_4 \rightarrow NH{=}NH + NH_3 \qquad (5)$$

Die Diiminbildung erfolgt primär über die Reaktionsschritte:

$$NH_2OSO_3^- + OH^- \rightarrow NH_2OH \qquad (6)$$

$$NH_2OSO_3^- + NH_2OH \rightarrow NH{=}NH \qquad (7)$$

$$2\,NH{=}NH \rightarrow N_2 + N_2H_4 \qquad (8)$$

Im Unterschied zu den zuvor beschriebenen Reaktionen wird in diesem System die N—N-Bindung des Diimins erst während der Reaktion gebildet (Gl. 5, 7). Aus diesen Gründen kann über die isotope Zusammensetzung des vor der Disproportionierung vorliegenden Diimins keine Angabe gemacht werden.

Die Reaktion der Hydroxylamin-O-sulfonsäure mit 1%iger KOH erfolgte in speziellen Zweischenkelampullen im Vakuum bei Raumtemperatur. Die isotopenanalytischen Resultate der Reaktionsprodukte im Vergleich zur eingesetzten Sulfonsäure ergaben sich aus 5 Einzelmessungen:

$$\delta^{15}N_{NH_2OSO_3H} = 1{,}3\ ‰, \quad \delta^{15}N_{N_2} = -5{,}0\ ‰,$$

$$\delta^{15}N_{NH_3} = 23{,}6\ ‰$$

Hydrazobenzol

Wird Hydrazobenzol trocken erhitzt, erfolgt bei Temperaturen von mehr als 150 °C eine Umsetzung zu Anilin und Azobenzol im Verhältnis 2:1. Neuere Untersuchungen zum Mechanismus der Reaktion ergaben, daß es sich dabei nicht um einen radikalischen Prozeß [5], sondern um einen intermolekularen Redoxprozeß handelt [6, 7]. Bei der thermischen Zersetzung von Mischungen substituierter Hydrazobenzole [7] wurden niemals gemischt substituierte Azobenzole erhalten, d. h., es kommt nicht zu N—N-Bindungsspaltungen.

Die Disproportionierung wurde bei 200 °C unter Stickstoffatmosphäre durchgeführt, um Reaktionen des entstehenden Anilins mit Luftsauerstoff zu verhindern. Vollständige Umsetzungen wurden bei 10—15 Minuten Reaktionszeit erzielt. Nach Abtrennung der Reaktionsprodukte und probenchemischer Umarbeitung wurden die in Tab. 1 angeführten isotopenanalytischen Ergebnisse erhalten.

Tab. 1. Isotopenfraktionierungen bei der Disproportionierung von Hydrazobenzol

Probe-Nr.	$\delta^{15}N_{Azobenzol}$	$\delta^{15}N_{Anilin}$
1	−6,9	−23,7
2	−7,4	−24,1
3	−5,5	−22,1
4	−7,8	−23,5
5	−8,7	−24,3
6	−10,0	−21,9
7	−8,9	−22,9
	−7,9 ± 1,4	−23,2 ± 0,9

$\delta^{15}N_{Hydrazobenzol} = -16{,}1 \pm 1{,}2$

Aus der Tabelle wird deutlich, daß sich bei der Disproportionierung das Azobenzol an dem ^{15}N-Isotop gegenüber dem eingesetzten Hydrazobenzol anreichert. Eine innerhalb der Fehlergrenze entsprechende Abreicherung an ^{15}N ist im Anilin feststellbar.

3. Schlußfolgerungen

Aus den angeführten Disproportionierungsexperimenten ergibt sich, daß bei vollständiger Umsetzung jeweils das Reaktionsprodukt mit der kleineren Anzahl von Atomen gegenüber dem Ausgangsprodukt an ^{15}N abgereichert ist, dagegen die Moleküle mit der größeren Anzahl von Atomen an ^{15}N angereichert wurden. Dieser Befund entspricht einer empirischen Regel über die Isotopenverteilung bei Gleichgewichtsreaktionen. Nach dieser Regel tritt bei Gleichgewichtsreaktionen eine Isotopenfraktionierung in der Weise auf, daß jeweils im Molekül mit der größeren Zahl von Schwingungsfreiheitsgraden das schwere Isotop angereichert wird. Eine Übertragung dieser Regel auf irreversibel verlaufende Reaktionen setzt die Einstellung eines Isotopenaustauschgleichgewichts im hypothetischen Übergangszustand der Reaktion voraus. Danach werden auf dem Umweg z. B. über Disproportionierungsreaktionen Isotopenaustauschgleichgewichte bestimmbar,

Tab. 2. Thermodynamische Isotopieeffekte in hypothetischen Gleichgewichtsreaktionen bei Disproportionierungen

Disproportionierung	Isotopenaustauschgleichgewicht	Isotopenverhältnis $R_1 \cdot 10^{-4}$ (kleines Molek.)	Isotopenverhältnis $R_2 \cdot 10^{-4}$ (großes Molek.)	$K = R_2/R_1$
NH=NH (System CuCl · NH=NH · NaCl · 5 H_2O)	$^{14}N^{15}N + {}^{14}NH_2{-}{}^{14}NH_2 \rightleftharpoons {}^{14}N_2 + {}^{14}NH_2{-}{}^{15}NH_2$ (9)	N_2: 73,50	N_2H_4: 74,55	1,014
$Cr(CO)_5NH{=}NHCr(CO)_5$	$^{14}N^{15}N + Cr(CO)_5{}^{14}NH_2{-}{}^{14}NH_2Cr(CO)_5 \rightleftharpoons {}^{14}N_2 + Cr(CO)_5{}^{14}NH_2{-}{}^{15}NH_2Cr(CO)_5$ (10)	N_2: 74,31	$Cr(CO)_5NH_2{-}NH_2Cr(CO)_5$: 75,25	1,013
$C_6H_5NH{-}NHC_6H_5$	$C_6H_5{}^{15}NH_2 + 1/2(C_6H_5{}^{14}N{=}{}^{14}NC_6H_5) \rightleftharpoons C_6H_5{}^{14}NH_2 + 1/2(C_6H_5{}^{14}N{=}{}^{15}NC_6H_5)$ (11)	$C_6H_5NH_2$: 71,83	$C_6H_5N{=}NC_6H_5$: 72,95	1,016

die einer direkten experimentellen Untersuchung nicht zugänglich sind.

Auf dieser Hypothese basierende Gleichgewichtskonstanten wurden aus den experimentell bestimmten Isotopenverhältnissen R der Reaktionsprodukte der o. g. Disproportionierungsprozesse berechnet (Tab. 2).

Sie stimmen in der Richtung überein mit theoretisch berechneten Werten der Gleichgewichtskonstanten (Gl. (9), Tab. 2) sowie mit Modellrechnungen für die Gleichgewichtsreaktion (Gl. (11), Tab. 2) [8].

Eingegangen am 1. 10. 1980

Literatur

[1] *D. Sellmann, A. Brand, R. Endell*, J. organometall. Chem. **49** (1973) C 22

[2] *R. Ohme, C. Gründemann*, Z. Chem. **10** (1970) 268

[3] *Ju. G. Borodko, O. N. Efimov, V. B. Panov, Ju. M. Schul'ga*, Izvestija Akad. Nauk. Ser. Chim. **1973**, 963

[4] *E. Schmitz, R. Ohme, G. Kozakiewicz*, Z. Anorg. Allg. Chem. **339** (1965) 44

[5] *J. Stieglitz, G. Curme*, Ber. dtsch. chem. Ges. **45** (1912) 492

[6] *P. F. Holt, B. P. Hughes*, J. Chem. Soc. **1953**, 1666

[7] *H. Shizunobu, N. Teruo*, Kogyo Kagaku Zasshi **3** (1971) 465

[8] *G. Hanschmann*, unveröffentlichte Ergebnisse

Isotopenfraktionierung des Stickstoffs und Kohlenstoffs durch Harnstoff-Chromatographie

K. Hirschberg, P. Krumbiegel, H. Faust

(Zentralinstitut für Isotopen- und Strahlenforschung Leipzig der Akademie der Wissenschaften der DDR)[1]

Herrn Prof. Dr.-Ing. *J. Mühlenpfordt* zum 70. Geburtstag gewidmet

Zwischen wäßrigen Harnstofflösungen und stark sauren Kationenaustauscher-Harzen vom Typ der Polystyrolsulfonsäuren stellt sich ein Fest-Flüssig-Phasenverteilungsgleichgewicht mit einem Isotopieeffekt des Stickstoffs und Kohlenstoffs im Harnstoff ein. Die [^{13}C, ^{15}N] Harnstoff-Moleküle werden bevorzugt an die Austauschermatrix gebunden. Die elementaren Trennfaktoren für die ^{15}N- und für die ^{13}C-Anreicherung werden zu 1,004 bestimmt. Durch säulenchromatographische Trennung an Dowex 50 WX8 wird die präparative Darstellung doppelt markierten Harnstoffs möglich.

Keywords

carbon 13; ion exchange chromatography; isotope effects; isotope ratio; isotope separation; nitrogen 15; urea

1. Einleitung

Die Methode der Isotopenfraktionierung durch Chromatographie an Ionenaustauschern ist seit den Arbeiten von *Taylor* und *Urey* [1] bekannt geworden, und seitdem ist deren Eignung zur Fraktionierung der Isotope des Lithiums [1–4], Bors [5–8], Kohlenstoffs [9–12], Stickstoffs [13–21], Sauerstoffs [11], Natriums [22], Schwefels [11, 23, 24], Calciums [25], Kupfers [26] und selbst des Urans [27–29] untersucht worden. Die elementaren Trennfaktoren α sind wegen der geringen Selektivität der Austauscher gegenüber isotopen Ionen relativ klein. Auch eine Nutzung von Isotopieeffekten zusätzlicher chemischer Gleichgewichte, die den Bruttoisotopieeffekt erheblich vergrößern können, führte bislang nicht zu einer ökonomisch tragfähigen technischen Anwendung der Ionenaustausch-Chromatographie zur Isotopenanreicherung.

Eine ^{15}N-Anreicherung in präparativem Umfang gelang *Spedding* und Mitarbeitern [13] durch Chromatographie von Ammoniak an stark sauren Kationenaustauschern mit einem elementaren Trennfaktor von $\alpha = 1{,}026$. Für eine ^{13}C-Anreicherung im System Anionenaustauscher und Blausäure/Cyanid [9] wurde ein elementarer Trennfaktor von $\alpha = 1{,}013$ ermittelt. Gegenüber den technisch bewährten Verfahren, z. B. einer ^{15}N-Anreicherung nach *Spindel* und *Taylor* [30] bzw. einer ^{13}C-Gewinnung durch Destillation, konnten sich diese Verfahren nicht durchsetzen.

Trotz niedrigerer Trennfaktoren können dagegen solche ionenaustauschchromatographischen Verfahren an Bedeutung gewinnen, die in einer Verbindung gleichzeitig die Isotope mehrerer Elemente fraktionieren und dadurch direkt zu einer in dieser Form nutzbaren, mehrfach markierten Verbindung führen. Derartige mehrfach markierte Verbindungen sind für zahlreiche biochemische bzw. medizinische Anwendungsgebiete von zunehmendem Interesse [31].

Mit der vorliegenden Arbeit wird die Nutzung der Chromatographie von Harnstoff an stark sauren Kationenaustauschern für eine Isotopenfraktionierung des Stickstoffs und Kohlenstoffs beschrieben und als Methode zur kombinierten ^{15}N- und ^{13}C-Anreicherung vorgestellt.

2. Experimenteller Teil

2.1. *Batch-Versuche*

Zur quantitativen Beschreibung der Harnstoffanlagerung an Polystyrolsulfonsäure wurden Fest-Flüssig-Phasengleichgewichtsverteilungen in Batch-Versuchen bestimmt. Gemessen wurde die Harnstoffkonzentration der Flüssigphase (Ha_{fr}) in Abhängigkeit von steigenden Harnstoffmengen in einer Aufschlämmung von 1 g Dowex 50 WX8, H-Form (40 bis 80 μm, 2,1 mmol/g Harz) in 1 ml Wasser. Zur völligen Durchmischung und Gleichgewichtseinstellung wurde 5 Minuten geschüttelt, die Festphase abgetrennt und der Harnstoff nach Spaltung durch Urease kolorimetrisch als Ammoniak nach *Berthelot* [32] bestimmt. Die Konzentration des gebundenen Harnstoffs (Ha_g) ergab sich unter Berücksichtigung des Wassergehaltes des Harzes aus der Differenz von eingesetztem und in Lösung befindlichem Harnstoff.

In einem gesonderten Experiment zur Ermittlung der elementaren Trennfaktoren für ^{15}N und ^{13}C wurden 5 mmol Harnstoff mit 10 g Austauscherharz in 70 ml Wasser eine Stunde bei 22 °C geschüttelt. Nach dem Abtrennen des

[1]) Anschrift: 7050 Leipzig Permoserstr. 15

Harzes betrug die gelöste Harnstoffmenge 2,47 mmol. Der am Ionenaustauscher gebundene Harnstoff wurde durch 1 l Wasser abgelöst, und die Lösungen wurden schonend zur Trockne eingedampft.

2.2. *Chromatographische Trennungen*

Eine multiplikative Nutzung des Isotopieeffektes der Fest-Flüssig-Phasenverteilung erfolgte durch Säulenchromatographie am Kationenaustauscher Dowex 50 WX8 (40 bis 80 µm) in der H-Form. Verwendet wurden Trennsäulen mit einem Durchmesser von 10 mm und einer Füllhöhe von 170 und 270 mm sowie solche mit einem Durchmesser von 14 mm und einer Füllhöhe von 1100 bzw. 1700 mm. Getrennt wurde Harnstoff natürlicher isotoper Zusammensetzung sowie [$^{15}N_1$] Harnstoff und [$^{15}N_2$] Harnstoff jeweils mit einer Markierung von 10,1 Atom-% ^{15}N. Die eingesetzten Harnstoffmengen betrugen 0,5 bzw. 1,7 mmol für die Kurzsäulen und 10 bzw. 16,7 mmol für die Langsäulen. Eluiert wurde der Harnstoff ausschließlich durch Wasser bei 22 °C oder 4 °C, die Fließgeschwindigkeit lag zwischen 0,5 ml/min und 250 ml/d. Das Fraktionsvolumen betrug 5 ml; das harnstofffreie Vorlaufvolumen belief sich auf 280, 440, 1800 bzw. 2500 ml für die 4 Säulen. Die Harnstoffdetektion erfolgte durch Messung der UV-Absorption bei 195 nm, die quantitative Bestimmung in den Fraktionen wie im Abschn. 2.1. angegeben.

2.3. *Isotopenanalytik*

Die Isotopenfraktionierung des Stickstoffs wurde durch emissions- und durch massenspektrometrische Isotopenanalyse ermittelt: Fraktionen mit einer Harnstoffmenge $\geqq$ 7,5 µmol wurden ohne probenchemische Aufarbeitung im automatischen ^{15}N-Analysator „ISONITROMAT 5200“ analysiert [33], kleinere Probenmengen bis zu 0,5 µmol herab wurden nach *Dumas* direkt oxydiert und mit dem ^{15}N-Analysator NOI-5 gemessen [34–35]. Im Bereich der natürlichen Häufigkeit wurden massenspektrometrische Kontrollanalysen nach Faust [36] durchgeführt.

Eine kombinierte ^{13}C/^{15}N-Bestimmung erfolgte ausschließlich massenspektrometrisch: Proben zu 0,25 mmol Harnstoff wurden nach *Dumas* im geschlossenen Rohr verbrannt. Aus dem Reaktionsprodukt wurden nacheinander das N_2 und das CO_2 abgetrennt und der massenspektrometrischen Präzisionsisotopenanalyse zugeführt [37]. Als Standard für den Vergleich der ^{15}N- und ^{13}C-An- bzw. Abreicherung dienten:

- Stickstoff der Luft und des eingesetzten Harnstoffs mit 0,3663 Atom-% ^{15}N entsprechend $\delta^{15}N = \pm 0$;
- Kohlenstoff des eingesetzten Harnstoffs mit 1,124 Atom-% ^{13}C entsprechend $\delta^{13}C = \pm 0$.

(Die gemäß Arbeitsstandard des verwendeten Massenspektrometers (Typ M 86) geringfügig höher ausgewiesenen δ^{15}N- und δ^{13}C-Werte wurden auf diesen gemeinsamen Nullwert der δ^{15}N- und δ^{13}C-Werte normiert.)

Die Umrechnung der massenspektrometrisch gemessenen δ-Werte in Atom-% Isotop erfolgte gemäß

$$\text{Atom-\% }^{15}\text{N} = \frac{1 + \frac{\delta^{15}\text{N}}{1000}}{\left(\frac{99{,}6337}{0{,}3663}\right) + \left(1 + \frac{\delta^{15}\text{N}}{1000}\right)} \cdot 100$$

$$\text{Atom-\% }^{13}\text{C} = \frac{1 + \frac{\delta^{13}\text{C}}{1000}}{\left(\frac{98{,}8763}{1{,}12372}\right) + \left(1 + \frac{\delta^{13}\text{C}}{1000}\right)} \cdot 100$$

3. Ergebnisse und Diskussion

3.1. *Zur Bindung von Harnstoff an Polystyrolsulfonsäure*

Durch Batch-Versuche wurde der Nachweis einer Anlagerung von Harnstoff an Dowex 50 WX8 erbracht (Tab. 1). Als Derivat der Kohlensäure nimmt Harnstoff in seinen Wechselwirkungen zu anderen Verbindungen eine Sonderstellung ein. Seine Lösungen reagieren neutral (scheinbare Dissoziationskonstante $k_b = 1{,}15 \cdot 10^{-14}$). In Anwesenheit starker Mineralsäuren – wie Schwefelsäure – sind 1:1-Additionsverbindungen möglich [38]. Diese Salze sind wenig stabil und leicht hydrolytisch zerlegbar. Die Acidität von Arylsulfonsäuren ist der der Schwefelsäure vergleichbar. Die Sulfonsäuregruppe der stark sauren Polystyrolsulfonsäure-Kationenaustauscher läßt sich deshalb als matrixgebundene Schwefelsäure auffassen und erklärt damit die

Tab. 1. Batch-Versuche zur Harnstoffbindung an Dowex 50 WX8 (1 g Ionenaustauscher, H-Form, aufgeschlämmt in 1 ml H_2O)
Harnstoff in Lösung: Ha_{fr}; gebundener Harnstoff: Ha_g

Versuch Nr.	Harnstoff$_{ges.}$ mmol	Ha_{fr} mmol · 10	$c_{Ha_{fr}}$ (mol/l) · 10^2	c_{Ha_g} (mol/l) · 10^2	$c_{Ha_g}/c_{Ha_{fr}}$
1	0,109	0,053	0,35	6,9	19,7
2	0,175	0,105	0,70	11,0	15,7
3	0,224	0,150	1,00	13,9	13,9
4	0,246	0,194	1,29	15,1	11,7
5	0,266	0,229	1,52	16,3	10,7
6	0,369	0,391	2,61	22,0	8,4
7	0,376	0,382	2,55	22,5	8,8
8	0,501	0,533	3,55	29,9	8,4
9	0,763	0,898	5,98	44,9	7,5
10	1,311	1,82	12,1	75,3	6,2
11	1,577	2,78	18,5	86,7	4,7
12	1,902	3,71	24,7	102	4,1
13	2,147	4,53	30,2	114	3,8
14	3,456	9,60	64,0	166	2,6

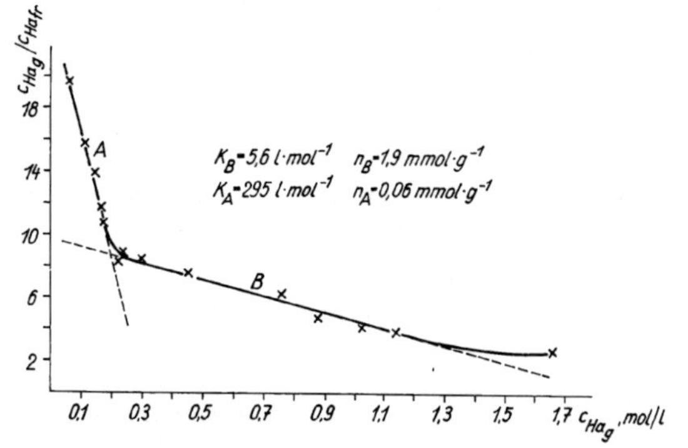

Abb. 1. *Scatchard*-Plot für die Harnstoff-Bindung an Dowex 50 WX8 Batch-Ansatz mit 1 g Ionenaustauscher in 1 ml Wasser
Ha_{fr}: Konzentration des freien Harnstoffs; Ha_g: Konzentration des gebundenen Harnstoffs

nachgewiesene, durch Wasser leicht reversibel zerlegbare Bindung von Harnstoff an den Austauscher als Sulfonat.

Die Bestimmung der Bindungskonstanten der Harnstoff-Ionenaustauscher-Wechselwirkung erfolgte durch graphische Auswertung einer *Scatchard*-Plot-Darstellung [39] der Bindungsdaten (Abb. 1). Die Harnstoffanlagerung ist durch zwei Bindungsklassen zu beschreiben, die in der graphischen Darstellung durch die beiden Geraden A und B charakterisiert sind. Abschnitt B des *Scatchard*-Plots, der stetig bis in den Bereich der theoretischen Harzsättigung (d. h. Zahl der neutralisierbaren SO_3H-Gruppen = Zahl der gebundenen Harnstoffmoleküle) verläuft, beschreibt die salzartige Bindung des Harnstoffs an die Austauschermatrix mit einer Bindungskonstante $K_B = 5{,}6$ l $\cdot$ mol^{-1}. Die Zahl der aus dem Plot ermittelten Bindungsstellen n_B liegt bei 1,9 mmol/g Dowex (und ist damit in guter Übereinstimmung mit den titrimetrisch ermittelten Kapazitätswerten des Austauschers von 2,1 mmol/g Dowex).

Für die durch Gerade A beschriebene Bindungsart mit einer ca. 50fach größeren Bindungskonstante beträgt die Zahl der zugehörigen Bindungsstellen nur den 30. Teil von n_B. Diese festere Bindung ist offensichtlich das Ergebnis einer stärkeren intermolekularen Ligand-Matrix-Wechselwirkung im Inneren der Gelstruktur des Harzes.

3.2. *Isotopieeffekt der Harnstoff-Polystyrolsulfonsäure-Bindung*

Durch Präzisionsisotopenanalysen wurden die ^{15}N-Häufigkeiten im gelösten Harnstoff (Ha_{fr}) einiger Batch-Versuche und in einem gesonderten Experiment die ^{13}C- und ^{15}N-Häufigkeiten im gelösten und im gebundenen (Ha_g) Harnstoff bestimmt. Die in Tab. 2 aufgeführten δ-Werte für beide Isotope zeigen, daß die Einstellung des Flüssig-Fest-Phasenverteilungsgleichgewichts mit einem Isotopieeffekt verbunden ist, der zu einer Anreicherung der schwereren Isotope in der Festphase führt.

Wird das Bindungsgleichgewicht des Harnstoffs an die Ionenaustauschermatrix durch Gl. (1)beschrieben,

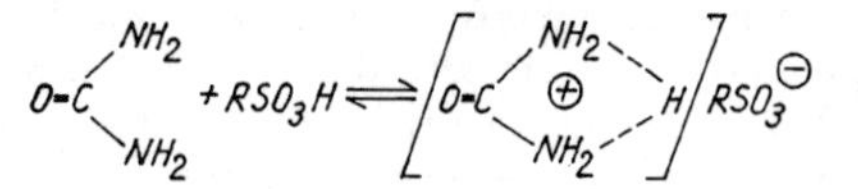
(1)

so ist das Isotopenaustauschgleichgewicht für [^{14}N, ^{15}N]-Harnstoff entsprechend der Gleichgewichtsreaktion (2) zu formulieren:

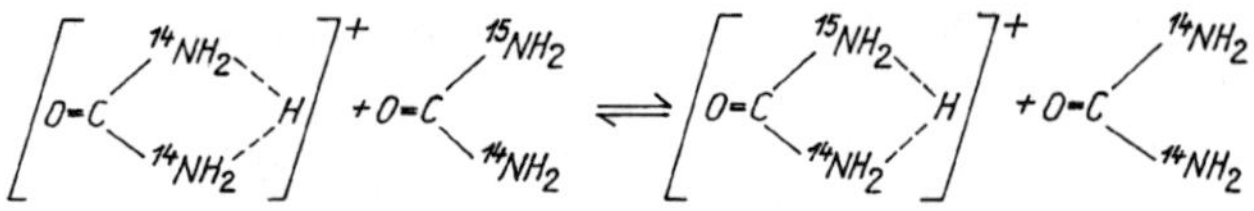
(2)

Die zugehörige Gleichgewichtskonstante K_N des Isotopenaustauschs ergibt sich zu

$$K_N = \frac{[^{15}Ha_g]\,[^{14}Ha_{fr}]}{[^{14}Ha_g]\,[^{15}Ha_{fr}]} \tag{3}$$

K_N entspricht dem elementaren Trennfaktor α_N, der sich aus den Harnstoffkonzentrationen und den relativen ^{15}N-Häufigkeiten in beiden Phasen errechnen läßt. Wird der geringe Anteil von $^{15}N_2$-Molekülen am Harnstoff natürlicher isotoper Zusammensetzung vernachlässigt, folgt aus Gl. (3) zur Berechnung von α_N:

$$\alpha_N = \frac{\left[2\,Ha_g \cdot \frac{a_{N_1}}{100} + 2\,Ha_{fr}\frac{a_{N_1}-a_{N_2}}{100}\right]\left[Ha_{fr} - 2\,Ha_{fr}\cdot\frac{a_{N_2}}{100}\right]}{\left[Ha_g - \left(2\,Ha_g\cdot\frac{a_{N_1}}{100} + 2\,Ha_{fr}\frac{a_{N_1}-a_{N_2}}{100}\right)\right]\left[2\,Ha_{fr}\cdot\frac{a_{N_2}}{100}\right]} \tag{4}$$

mit a_{N_1} und a_{N_2} für die ^{15}N-Häufigkeiten im Ausgangsharnstoff und dem der Lösung. Da $Ha_g \cdot c_{N_1} \gg Ha_{fr}(a_{N_1} - a_{N_2})$ ist, vereinfacht sich Gl. (4) zu

$$\alpha_N = \frac{a_{N_1}\left(1 - \frac{a_{N_2}}{50}\right)}{a_{N_2}\left(1 - \frac{a_{N_1}}{50}\right)} \tag{5}$$

Analog führt die Berechnung von α_C für den ^{13}C-Isotopieeffekt zu

$$\alpha_C = \frac{a_{C_1}\left(1 - \frac{a_{C_2}}{100}\right)}{a_{C_2}\left(1 - \frac{a_{C_1}}{100}\right)} \tag{6}$$

Tab. 2. Isotopenfraktionierung und elementarer Trennfaktor

Probenart	δ^{15}N[1] ‰	a_N At.-% ^{15}N	δ^{13}C[1] ‰	a_C At.-% ^{13}C	elementarer Trennfaktor	
					α_N	α_C
eingesetzter Harnstoff	±0	0,3663	±0	1,124		
Ha_{fr}, Versuch 2	−6,6	0,3639			$1{,}006_6$	
Ha_{fr}, Versuch 4	−3,5	0,3650			$1{,}003_6$	
Ha_{fr}, Versuch 6	−4,1	0,3648			$1{,}004_1$	
Ha_{fr}, Versuch 8	−3,6	0,3650			$1{,}003_6$	
Ha_{fr}, ^{13}C/^{15}N-Batch	−4,9	0,3645	−4,6	1,119	$1{,}004_9$	$1{,}004_7$
Ha_g, ^{13}C/^{15}N-Batch	+5,0	0,3681	+4,7	1,129	$1{,}004_9$	$1{,}004_8$

[1]) mit einer Standardabweichung von 0,5 ‰

Tab. 3. Säulenchromatographische Fraktionierung der Stickstoffisotope im Harnstoff

Chromatographie-Bedingungen	eingesetzter Harnstoff		isotop fraktionierter Harnstoff			
	Menge	^{15}N-Häufigkeit	Anfang		Ende	
	mmol	At.-% ^{15}N	Menge, mmol	At.-% ^{15}N	Menge, mmol	At.-% ^{15}N
10 mm × 170 mm, 22 °C, 1 ml/min	0,5	0,37	$7{,}5 \cdot 10^{-3}$	0,30	$8{,}9 \cdot 10^{-3}$	0,43
10 mm × 170 mm, 4 °C, 1 ml/min	0,5	0,37	$7{,}6 \cdot 10^{-3}$	0,29	$9{,}2 \cdot 10^{-3}$	0,45
14 mm × 1100 mm, 22 °C, 30 ml/h	10,0	0,37	1,4	0,31	1,0	0,44
	1,4	0,31	0,41	0,28		
	1,0	0,44			0,55	0,47
	0,41	0,28	$2{,}3 \cdot 10^{-2}$	0,18		
			$1{,}6 \cdot 10^{-2}$	0,20		
			$3{,}0 \cdot 10^{-2}$	0,22		
	0,55	0,47			0,15	0,55
10 mm × 250 mm, 22 °C, 1 ml/min	1,8	$^{15}N_1$:10,1	$6{,}6 \cdot 10^{-3}$	7,50	$6{,}1 \cdot 10^{-3}$	13,6
			$4{,}3 \cdot 10^{-2}$	8,05	$1{,}3 \cdot 10^{-2}$	12,4
			$10{,}7 \cdot 10^{-2}$	8,22	$1{,}5 \cdot 10^{-2}$	11,9
10 mm × 250 mm, 22 °C, 1 ml/min	1,8	$^{15}N_2$:10,1	$4{,}9\ 10^{-2}$	6,81	$5{,}9 \cdot 10^{-3}$	14,7
			$8{,}8 \cdot 10^{-2}$	7,08	$1{,}4 \cdot 10^{-2}$	13,1
			$12{,}9 \cdot 10^{-2}$	7,69	$1{,}5 \cdot 10^{-2}$	12,3

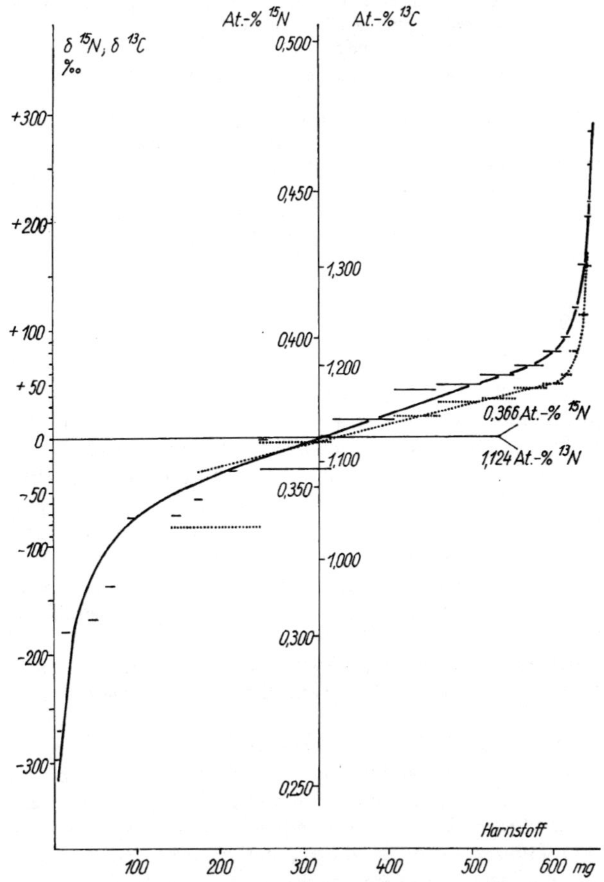

Abb. 2. Verlauf der gleichzeitigen Isotopenfraktionierung des Stickstoffs und Kohlenstoffs bei der Harnstoff-Chromatographie

Größe der Eluatfraktionen (in mg Harnstoff) mit den zugehörigen relativen Isotopenhäufigkeiten (in δ-Werten und in Atom-%) sowie die resultierenden Isotopen-Elutionsprofile für ^{15}N: ——— und für ^{13}C: ······.

Bitte beachten: Statt 1,124 At-% ^{13}N lies 1,124 At-% ^{13}C.

Die aus Batch-Versuchen ermittelten elementaren Trennfaktoren α_N und α_C sind in Tab. 2 aufgeführt.

Durch Harnstoff-Chromatographie an Dowex 50 WX8 wurde die Möglichkeit der Ausnutzung des elementaren Trennfaktors für eine gleichzeitige präparative Darstellung von an ^{13}C und ^{15}N angereichertem und abgereichertem Harnstoff nachgewiesen. Eine säulenchromatographische Trennung von 0,5 mmol Harnstoff natürlicher isotoper Zusammensetzung an einer 10 mm × 170 mm-Säule bei Zimmertemperatur führt zu einer Verteilung der isotopen Harnstoffmoleküle zwischen einer ^{15}N-Häufigkeit von 0,30 Atom-% für die ersten und von 0,43 Atom-% für die letzten 200 µg Stickstoff im Säuleneluat. Während im Batch-Versuch eine Temperaturerniedrigung zu keiner Beeinflussung des Trennfaktors führte, verbesserte sich die Trennleistung der Kurzsäule bei einer Temperatur von 4 °C auf eine Abreicherung auf 0,29 Atom-% ^{15}N und eine Anreicherung auf 0,45 Atom-% ^{15}N für die ersten bzw. letzten 200 µg Stickstoff (Tab. 3).

Zur gleichzeitigen Erfassung des ^{15}N- und des ^{13}C-Fraktionierungsverlaufs wurden bei der chromatographischen Trennung von 11 mmol Harnstoff auf einer 14 mm × 1700 mm-Säule die relativen ^{13}C- und ^{15}N-Häufigkeiten an den einzelnen Eluatfraktionen gemessen. In Abb. 2 ist der Verlauf der Häufigkeitsverteilungen als $\delta^{15}N$- und $\delta^{13}C$-Werte in Abhängigkeit von der eluierten Harnstoffmenge dargestellt.

Nach vorheriger Konzentrierung geeigneter Anfangs- oder Endfraktionen ist eine Mehrfachchromatographie zur Gewinnung höher angereicherter oder abgereicherter ^{15}N- bzw. ^{13}C-Harnstoffe möglich. Tab. 3 enthält ein Beispiel einer präparativen Rechromatographie N-isotoper Harnstoffmoleküle. In einem weiteren Experiment wurden aus 10 mmol Harnstoff natürlicher isotoper Zusammensetzung durch Rechromatographie auf einer 10 mm × 250 mm-Säule 0,3 mmol Harnstoff mit einer ^{13}C-Häufigkeit von 0,939 Atom-% und 0,28 mmol Harnstoff mit

1,345 Atom-% ^{13}C erhalten. Die zugehörigen ^{15}N-Werte lauten 0,275 und 0,423 Atom-% ^{15}N.

Durch Vergleich der Chromatographie von [$^{15}N_1$]Harnstoff und [$^{15}N_2$]Harnstoff mit einer Markierung von jeweils 10,1 Atom-% ^{15}N (Tab. 3 unten) wurde unter Zugrundelegung des Ansatzes zur Berechnung der theoretischen Trennstufen nach Spedding et al. [13] die Trennstufenhöhe in diesem Experiment zu 3 mm und der Trennfaktor α_N für doppelt ^{15}N-markierten Harnstoff zu 1,005 berechnet.

Die in Tab. 3 für eine ^{15}N-Fraktionierung aufgeführten Daten und die Verlaufskurve einer ^{13}C- und ^{15}N-Fraktionierung von Harnstoff (Abb. 2) zeigen, daß der Ionenaustausch für die präparative Gewinnung von Harnstoff mit erhöhtem bzw. erniedrigtem ^{13}C- und ^{15}N-Gehalt genutzt werden kann. Eine Verfahrensoptimierung zur Gewinnung des doppelt markierten Harnstoffs kann durch Anwendung von Trennsäulenkaskaden erfolgen. Aufgrund der Verwendung von Wasser als Eluent erfordert diese Isotopenfraktionierung keine zeit- und kostenaufwendige Regenerierung der Ionenaustauscher.

Eingegangen am 15. 10. 1980

Literatur

[1] *T. I. Taylor, H. C. Urey*, J. Chem. Phys. **6** (1938) 429

[2] *B. Glueckauf, K. H. Barker, G. P. Kitt*, Chromatographic Analysis, Far. Soc. Discs. **7** (1949) 199

[3] *E. Merz*, Z. Elektrochem. **63** (1959) 288

[4] *D. E. Lee*, J. Amer. Chem. Soc. **83** (1961) 1801

[5] *M. Kotaka, K. M arayana, H. Kakihana*, Nippon Kagaku Kaish **1973**, 1482

[6] *H. Kakihana*, J. Chrom. **102** (1974) 47

[7] *H. Kakihana, M. Kotaka, S. Satoh, M. Nomura, M. Okamoto*, Bull. Chem. Soc. Japan **50** (1977) 158

[8] *Y. Sakuma, M. Aida, H. Kakihana*, J. At. Energy Soc. Japan **19** (1977) 782

[9] *C. A. Hutchinson, D. N. Stewart, H. C. Urey*, J. Chem. Phys. **8** (1940) 532

[10] *C. N. Davidson, C. K. Mann, R. K. Sheline*, J. Amer. Chem. Soc. **83** (1961) 2389

[11] *K. E. Holmberg*, Acta chem. Scand. **16** (1962) 1045

[12] *H. Schütze, P. Kulicke*, Abh. Deut. Akad. Wiss. Bln., Kl. Chem., Geol., Biol. **7** (1964) 217

[13] *F. H. Spedding, J. E. Powell, H. J. Svec*, J. Amer. Chem. Soc. **77** (1955) 6125

[14] *T. Ishimori*, Bull. Chem. Soc. Japan **33** (1960) 516

[15] *T. Nomura, H. Kakihana*, Bull. of the Tokyo Inst. of Techn. **61** (1964) 51

[16] *D. Schermanul, H. Schütze, K. Wetzel*, Kernenergie **8** (1965) 171

[17] *A. R. Gupta, S. K. Sarpal*, J. Phys. Chem. **71** (1967) 560

[18] *S. K. Sarpal, A. R. Gupta, J. Shankar*, Indian J. Chem. **9** (1971) 1362

[19] *M. Kotaka, T. Shono, H. Kakihana*, Chem. Lett. **1978**, 315

[20] *E. Salati, E. Matsui, P. C. O. Trivelin*, Energ. Nucl. Agric. **1** (1979) 1

[21] *P. C. O. Trivelin, E. Matsui, E. Salati*, Energ. Nucl. Agric. **1** (1979) 59

[22] *R. H. Betts, W. E. Harris, M. D. Stevenson*, Can. J. Chem. **34** (1956) 65

[23] *C. N. Davidson, C. K. Mann, R. K. Sheline*, J. physic. Chem. **67** (1963) 1519

[24] *D. Missbach*, Isotopenpraxis **5** (1969) 195

[25] *W. A. Russell, D. A. Papanastassiou*, Anal. Chem. **50** (1978) 1151

[26] *T. Kanzaki, H. Kakihana*, Bull. Chem. Soc. Japan **44** (1971) 305

[27] *H. Kakihana, K. Gonda, H. Sato, Y. Mori*, J. Atomic Energy Soc. Japan **5** (1963) 990

[28] *H. Kakihana*, J. Chim. Phys. **60** (1963) 81

[29] *A. Călusaru, S. Murgulescu*, Naturw. **60** (1976) 578

[30] *E. Krell*, Isotopenpraxis **12** (1976) 188

[31] *N. A. Matwiyoff, T. E. Walker*, Stable Isotopes in the Life Sciences, Proc. Techn. Committee Meet. on Mod. Trends in the Biol. Appl. of Stable Isotopes, Leipzig 1977, IAEA, Wien 1977, 247

[32] *J. K. Fawcett, J. E. Scott*, J. Clin. Path. **13** (1960) 156

[33] *H. Faust, R. Reinhardt*, Stable Isotopes in the Life Sciences, Proc. Techn. Committee Meet. on Mod. Trends in the Biol. Appl. of Stable Isotopes, Leipzig 1977, IAEA, Wien 1977, 179

[34] *H. Faust*, Isotopenpraxis **1** (1965) 62

[35] Der ^{15}N-Analysator NOI-5, Werksschrift des VEB Statron, Fürstenwalde

[36] *H. Faust, H. Bornhak, K. Hirschberg, H. Birkenfeld*, II. Arbeitstagung „Isotope in der Natur", Leipzig, 5.–9. Nov. 1979

[37] ZfI-Mitteilg. i. V. Arbeitsanleitungen zur Umarbeitung geologischer Proben für die Isotopenanalyse

[38] *P. Palfray*, C. r. hebd. Séanc. Acad. Sci. **200** (1935) 1052

[39] *G. Scatchard*, Ann. N. Y. Acad. Sci. **51** (1949) 660

Informationen

IAEA. Der neu konstituierte Gouverneursrat, das vierunddreißigköpfige Leitungsorgan der Internationalen Atomenergie-Agentur (IAEA), wählte *M. D. Copithorne*, Botschafter Kanadas in Österreich und kanadischer Vertreter im Gouverneursrat der IAEA, zum Vorsitzenden für 1980/81.

Stellvertretende Vorsitzende sind *A. Osman* (Ägypten) und *A. Wyrzykowski* (Polen).

Auf der 24. Ordentlichen Tagung der Generalkonferenz der IAEA wurden folgende Mitgliedstaaten für zwei Jahre in den Gouverneursrat gewählt: Argentinien, Irak, Libanon, Malaysia, Nigeria, Peru, Polen, Schweden, Sudan, Türkei und Uruguay.

IAEA. Rund 150 Vertreter aus 27 Mitgliedstaaten der Internationalen-Atomenergie-Agentur (IAEA) und der Kernenergie-Agentur der OECD (NEA) sowie von 6 internationalen Organisationen nahmen am Internationalen Symposium über die Auswirkungen der Freisetzung von Radionukliden im Meer teil, das vom 6. bis 10. Oktober 1980 im Internationalen Zentrum Wien veranstaltet wurde.

Seit 1966 führt die IAEA – nunmehr bereits zum fünften Male – Symposien durch, die sich direkt mit Themen der Strahlenökologie im Meer und der Erhaltung der Umwelt des Meeres beschäftigen. Während der letzten Jahrzehnte sind niedrigaktive Rückstände in verpackter Form tief auf dem Grund des Ozeans versenkt worden. Flüssigkeiten mit äußerst geringen Mengen an radioaktiven Stoffen sind im Küstenbereich ins Meer versenkt worden. Zur radiologischen Überprüfung ihrer sicheren Ablagerung und einer wirkungsvollen Überwachung der Unschädlichkeit der Ausflüsse und Ablagerungen wurden viele Forschungen durchgeführt. Wachsende Erfahrungen wurden erworben, um die dafür notwendigen Daten zu sammeln.

Es war das Ziel dieses internationalen Symposions, ein verbessertes Verständnis für die Folgen durch Ablagerung künstlicher Radionuklide zu entwickeln. Dazu soll das wachsende Wissen über die verschiedenen Beziehungen der Radionuklide mit Stoffen in der Meeresumwelt herangezogen werden. Es ging ferner darum, einen Überblick über die gesamte Radioaktivität zu bekommen, die durch friedliche Nutzung der Kernenergie den Weltozeanen zugeführt wird, sowie Ursprung, Verhalten, endgültige Ablagerung und Auswirkungen der zusätzlichen künstlichen Radioaktivität in der Meeresumwelt zu bestimmen.

Folgende Punkte standen auf dem Programm des Symposions:

- Charakterisierung der radioaktiven Freisetzungen aus dem nuklearen Brennstoffkreislauf;
- physikalische Verbreitung in der Umwelt des Meeres;
- physikalisch-chemische Formen dieser Radionuklide und ihr Verhältnis zu Schwebstoffen und Kleinlebewesen;
- biochemisches Verhalten und Ausbreitung innerhalb verschiedener kritischer Stadien;
- Kontrolle der radioaktiven Rückstände sowie Aspekte der Überwachung nach Ablagerung oder Freisetzung;
- Verringerung der Auswirkungen durch günstige Lagerstättenauswahl, Abfallverarbeitung, Behälterauswahl etc.

IAEA. Der Gouverneursrat der Internationalen Atomenergie-Agentur (IAEA) beschloß, einen Ausschuß für Versorgungssicherung zu bilden, an dem sich alle Mitgliedstaaten beteiligen können. Er soll über Mittel und Wege beraten, die Versorgung mit Kernmaterial, Ausrüstungen und Technologie sowie Dienstleistungen im Rahmen des Kernbrennstoffkreislaufs auf längere Sicht zu gewährleisten, wobei gleichzeitig allgemein annehmbaren Grundsätzen der Nichtweiterverbreitung von Kernwaffen und den diesbezüglichen Aufgaben der IAEA Rechnung getragen werden soll.

Dieser Ausschuß tagte Ende September 1980 zum ersten Male unter Beteiligung von Delegationen aus 46 Mitgliedstaaten und Beobachtern von zwei internationalen Organisationen. Der jugoslawische Vertreter, Prof. *M. Osredkar*, wurde zum Vorsitzenden gewählt.

IAEA. Der Generaldirektor der Internationalen Atomenergie-Agentur (IAEA), Dr. *S. Eklund*, hat die Ernennung von *M. Zifferero* (Italien) zum Stellvertretenden Generaldirektor der Hauptabteilung für Forschung und Isotope der IAEA bekanntgegeben. *M. Zifferero* ist der Nachfolger von Prof. *H. Kakihana* aus Japan.

M. Zifferero (geb. 1930) studierte an der Universität Rom Chemie und Kernchemie. Er war beim Italienischen Nationalkomitee für Atomenergie als Direktor des Brennstoff-Wiederaufarbeitungslaboratoriums und später als Direktor der Abteilung für Industrielle Chemie beschäftigt. Seit 1974 war er in leitender Stellung in der Hauptabteilung für Fragen des Brennstoffkreislaufs des Italienischen Nationalkomitees für Atomenergie tätig. Gleichzeitig war er Dozent für Radiochemie und Kernchemie an der Universität Rom.

IAEA/Frankreich. Die Strahlendosimetrie, d. h. die genaue Bestimmung der von einem bestrahlten Körper oder Materie absorbierten Dosis, ist eine Voraussetzung für viele Anwendungen ionisierender Strahlungen. Man bemüht sich zunehmend, verläßlichere, wirksamere und sicherere Geräte zu entwickeln und die Genauigkeit der Dosimetrie für alle verwendeten Strahlenarten weiter zu verbessern. Besonders rasch ist die Entwicklung neuer Verfahren und Geräte in der diagnostischen und therapeutischen Röntgenologie erfolgt. Deshalb setzte die Internationale Atomenergie-Agentur (IAEA) ihre Reihe von Symposien über Dosimetrie in der Medizin und Biologie fort. Die letzte Tagung zu diesem Thema fand 1975 in Wien statt.

Mehr als 200 Fachleute aus 43 Mitgliedstaaten und von drei internationalen Organisationen nahmen an dem Internationalen Symposion über Strahlendosimetrie in Medizin und Biologie teil, das die IAEA gemeinsam mit der Weltgesundheitsorganisation (WHO) vom 27. bis 31. Oktober 1980 veranstaltete und das auf Einladung der französischen Regierung im Palais des Congrès in Paris stattfand. Es sollte einen umfassenden aktuellen Überblick über ein Gebiet vermitteln, das für die heutige Strahlendosimetrie wichtig ist.

Auf dem Programm des Symposions standen folgende Themen: Allgemeine Aspekte der Dosimetrie, physikalische und biologisch-medizinische Aspekte der Dosimetrie, Bestimmung der absorbierten Dosis, Standardisierung und Kalibrierung von Dosimetriesystemen, Entwicklung von Dosimetriesystemen.

Besondere Beachtung fanden Probleme, die sich durch die Einführung der SI-Einheiten ergeben. Bisher wurden die meisten Ionisationskammern nach der Strahlenexposition kalibriert. Diese Kalibrierungsmethode, die im System der SI-Einheiten nicht erscheint, dürfte daher künftig aufgegeben werden, und die Wahl eines anderen Kalibrierungssystems ist eine wichtige Frage.

Auf dem Gebiet der Messung hoher Strahlendosen wurde in vier Referaten über die Entwicklung neuer Dosimetriesysteme für Materialbestrahlung berichtet. Sie wurden im Rahmen eines koordinierten Forschungsprogramms erarbeitet, das die IAEA in die Wege geleitet hat, um genaue und verläßliche Meßmethoden für solche Strahlenanwendungen zu entwickeln.

IAEA/Italien. Vom 6. bis 20. September 1980 veranstaltete das von der Internationalen Atomenergie-Agentur (IAEA) und der Organisation der Vereinten Nationen für Erziehung, Wissenschaft und Kultur (UNESCO) gemeinsam betriebene Internationale Zentrum für Theoretische Physik in Triest (Italien) das zweite Seminar über Sonnenenergie. Der Lehrgang, der von der französischen und der italienischen Regierung unterstützt wurde, fand in französischer Sprache statt und war vor allem für junge Wissenschaftler aus Afrika, Asien und Lateinamerika gedacht.

An dem Lehrgang, der an eine ähnliche Veranstaltung im Jahre 1978 anschloß, nahmen rund 60 Wissenschaftler teil. Insgesamt haben sich von 1977 bis einschließlich 1979 544 Wissenschaftler an den Arbeiten des Zentrums über Sonnenenergie beteiligt, davon 67 Prozent aus Entwicklungsländern.

Das Kursprogramm war in drei Hauptabschnitte gegliedert: Diskussionen über die Messung der Sonnenenergie und ihre Umwandlung in Wärme (Nutzung der Sonnenenergie zur Energiegewinnung, Kühlung und Wasserentsalzung); Umwandlung von Sonnenenergie mit Hilfe von Photozellen; Biokonversion.

DDR. In der Reihe der Berichte des Zentralinstituts für Isotopen- und Strahlenforschung der AdW der DDR, Leipzig, (ZfI-Mitteilungen) sind erschienen:

Nr. 29: 2. Arbeitstagung „Isotope in der Natur" (5.–9. November 1979, Leipzig), Band 2a: Vorträge Nr. 001–029

Nr. 30: 2. Arbeitstagung „Isotope in der Natur" (5.–9. November 1979, Leipzig), Band 2b: Vorträge Nr. 031–091

Nr. 31: Veröffentlichungen und Vorträge 1979 aus dem Zentralinstitut für Isotopen- und Strahlenforschung der AdW der DDR, Leipzig (Übersicht, bearb. von *R. Schröter*)

Nr. 33: 2nd Working Meeting on Radiation Interaction (22nd–26th September 1980), Abstracts of papers.

IAEA. Die Internationale Atomenergie-Agentur (IAEA) veranstaltet im Jahre 1981 neun größere wissenschaftliche Tagungen, fünf davon gemeinsam mit anderen internationalen Organisationen:

- Internationales Symposion der FAO und IAEA über induzierte Mutationen zur Züchtung verbesserter Nutzpflanzen (Wien, 9.–13. März)
- Internationales Symposion über Methoden zur Messung schwacher Strahlungen und Spektrometrie (Berlin (West), 6.–10. April)
- Internationales Symposion über Qualitätsstandardisierung für Kernkraftwerke (Paris, 11.–15. Mai)
- Internationales Symposion der IAEA, WHO und des UNEP über die Wirkungen verschiedener Energieträger auf die Gesundheit (Nashville, USA, 22.–26. Juni)
- Internationales Symposion der FAO und IAEA über die Strahlensterilisierung von Insekten und die Anwendung von Strahlungen zur genetischen Insektenbekämpfung (Neuherberg, BRD, 29. Juni–3. Juli)
- Internationales Symposion über die Anwendung nuklearer Verfahren bei der Erforschung parasitärer Erkrankungen bei Mensch und Tier (Wien, 29. Juni–3. Juli)
- Internationales Symposion der IAEA, CEC und NEA über die Wanderung langlebiger Radionuklide aus dem nuklearen Brennstoffkreislauf in der kontinentalen Umwelt (Knoxville, USA, 27.–31. Juli)
- Internationale Konferenz über Radioisotopenanwendung und Strahlentechnik in der Industrie (Grenoble, Frankreich, 28. September–2. Oktober)
- Internationales Symposion der IAEA, WHO, NEA und des ICRP über die Anwendung des Dosisbegrenzungssystems im nuklearen Brennstoffkreislauf und bei anderen Strahlenverfahren (Madrid, 19.–23. Oktober).

Die IAEA veröffentlicht die Tagungsberichte jeweils rund sechs Monate nach Abschluß einer Tagung.

DDR. Am 24. und 25. November 1981 findet in Freiberg das 6. Kolloquium „Technische Anwendung radioaktiver Isotope im Berg- und Hüttenwesen“ statt. Das Hauptziel dieser Veranstaltung ist die Information der Praktiker des Industriezweiges über Möglichkeiten, neuere Anwendungen und ökonomisch wirksame Einsatzgebiete der Isotopentechnik in der Praxis. Die vorgesehenen Vorträge erstrecken sich nahezu über das gesamte Gebiet der technischen Isotopenanwendung – begonnen beim Einsatz von Gammarelais, über die rechnergestützte Dickenmessung, die Schnellanalyse, Staubmengenmessung, berührungslose Wägung bis zur Prozeßuntersuchung mit Hilfe von Radiotracern.

Die Veranstalter des Kolloquiums sind der VEB Mansfeld-Kombinat „Wilhelm Pieck“, Forschungsinstitut für NE-Metalle Freiberg, der VEB Bergbau- und Hüttenkombinat „Albert Funk“ Freiberg und die Bergakademie Freiberg, Sektion Metallurgie und Werkstofftechnik.

UdSSR. Neue Publikationen des Verlags „Atomisdat“:
Geräte zur Umweltkontrolle (*A. J. Lukitschew* u. a. – 213 S.);
Handbuch zur Identifizierung gammastrahlender Nuklide (*G. G. Doroschenko, K. N. Schljagin* – 144 S.);
Charakteristika der Strahlungen von in der Volkswirtschaft angewandten radioaktiven Nukliden – Handbuch (*J. W. Cholnow* u. a.);
Makroskopische Quanteneffekte in Atomkernen (*W. G. Nosow* – 208 S.);
Detektoreigenschaften des Gasentladungsplasmas (*K. I. Kononenko* – 128 S.);
Abbau von Uran mit der Methode der unterirdischen Auslaugung (*W. A. Mamilow* u. a. – 284 S.);
Chemische Kontrolle des Wasserregimes von Kernkraftwerken (*O. I. Martynowa* u. a. – 208 S.);
Strahlenphysik von Ionenkristallen (*A. A. Botaki* u. a. 208 S.);
Dosimetrische und radiometrische Kontrolle bei der Arbeit mit radioaktiven Stoffen und Quellen ionisierender Strahlungen: Methodischer Leitfaden. Band 1. Organisation und Kontrollmethoden (Red. *W. I. Grischmanowski* – 272 S.);
Gammamethoden zur Messung der Volumenmasse disperser Grund- und Schlammablagerungen (*S. T. Swolski* – 112 S.);
Radioisotopenmethoden zur Kontrolle der Qualität von Arbeiten und Untersuchungen bei der Errichtung von Fundamenten und unterirdischen Anlagen (*M. I. Smorodinow* – 168 S.);
Äquidosimetrie (*I. B. Keirim-Markus* – 191 S.);
Beseitigung der Folgen einer radioaktiven Verseuchung (*W. A. Gaidamak* – 120 S.).

IAEA. Zwischen der Internationalen Atomenergie-Agentur (IAEA), Malaysia und den USA wurde am 22. 9. 1980 ein Abkommen über die Lieferung eines Forschungsreaktors TRIGA Mark II und der für dessen Betrieb erforderlichen Brennelemente, die 24,76 kg auf weniger als 20% angereichertes Uran enthalten, abgeschlossen. Den bei der IAEA vorliegenden Informationen zufolge gibt es derzeit rund 337 Forschungsreaktoren in 47 Mitgliedstaaten der Organisation.

Der Reaktor soll vom Tun Ismail Atomforschungszentrum in Bangi, Selangor, ca. 32 km von Kuala Lumpur entfernt, betrieben werden. Die Bauarbeiten am Standort des Reaktors sind bereits begonnen worden, die Lieferung des Brennstoffs ist für Oktober 1981 vorgesehen. Der Reaktor soll für kernwissenschaftliche Forschung und Ausbildung von Fachleuten sowie zur Erzeugung von Radionukliden für verschiedene Zwecke verwendet werden. Sowohl der Reaktor als auch der Brennstoff unterliegen der Sicherheitskontrolle der IAEA.

BRD. Im Kernforschungszentrum Karlsruhe (KfK) wurde die Produktion von Molybdän-99 aufgenommen, welches als Ausgangsprodukt für das in der Nuklearmedizin dringend benötigte Technetium-99*m* dient. ^{99}Mo ist zu etwa 6% in den Uranspaltprodukten enthalten. Es ist geplant, pro Woche 50 Ci ^{99}Mo an einen Industriepartner zu liefern, der die Weiterverarbeitung zu ^{99m}Tc-Generatoren übernimmt.

BRD. Die Fa. Isotopen-Technik Dr. Sauerwein GmbH hat einen neuen tragbaren Legierungs-Analysator entwickelt, der auf der Basis der Radionuklid-Röntgenfluoreszenz arbeitet. Durch Einsatz eines Mikroprozessors wird die LCD-Direktanzeige der Legierungsart und des prozentualen Legierungsbestandteils ermöglicht. Eine Sonde mit schnabelförmigem Meßfühler erlaubt auch Analysen an schwer erreichbaren Stellen und an kleinen Teilen. Der Aktivitätsabfall des Anregungsstrahlers wird automatisch korrigiert.

Articles

I. Maass, G. Weise

Investigations on the Regional Dispersion of Pollutants with the Aid of Technogenic Isotope Variations

Isotopenpraxis **17** (1981) No. 4, p. 156 to 159
3 Fig., 1 Tab., 5 Ref.

In the course of the production of nitric acid by burning of ammonia and subsequent absorption of nitrogenous gases isotope effects occur in the separate steps of the production process leading to a considerable depletion of ^{15}N particularly in the waste gas. Green plants harvested in the surroundings of a nitric acid factory and analysed with regard to their ^{15}N content, however, were found to be not suitable for indication of the emitted nitrogen oxides. The small quantity of emitted nitrogen oxide contained in rain water was not sufficient to cause significant deviations of ^{15}N content in the exposed plants. The results of the isotope analysis of nitrogen isolated from nitrate in rain water indicated that the ascertained wash-out effect corresponds satisfactorily to the known estimation formulae, and that the predominant amount of nitrate in rain water does not originate from nitric acid factories but from other sources.

H. Schuetze, M. Mohnke

Investigations on the Diffusion of Isotopic Methane Species

Isotopenpraxis **17** (1981) No. 4, p. 159 to 163
5 Fig., 3 Tab., 9 Ref.

Diffusion processes are very important in nature. Migration and accumulation of natural gases are accompanied by these. Loss of gases in vertical direction causes isotope fractionations during secondary migration. To calculate the isotope fractionations one needs the values of isotope effects in dependence on temperature and pressure. We have investigated the diffusion effects in the system $CH_4/CD_4/^{13}CH_4 \rightarrow N_2$ by means of capillary columns.

P. Harting

The Thermodynamic Carbon-Isotopic Effect in the System CH_4-H_2O. III.

Isotopenpraxis **17** (1981) No. 4, p. 164 to 167
5 Fig., 1 Tab., 14 Ref.

Continuing publications [1] and [2] the influence of dissolved salts on the solubility isotope effects of methane in water is reported. The researches were carried out under pressure and temperature conditions as well as salt concentrations which correspond to the sedimentary sphere of the earth's crust. It appeared that in spite of the well-known strong gas solubility dependence of the salt concentration in the aqueous phase there does not exist any significant influence on corresponding isotope effects.

G. Huebner

Effect of Heavy Water on Isolated Rat Liver Mitochondria

Isotopenpraxis **17** (1981) No. 4, p. 167 to 170
3 Fig., 2 Tab., 15 Ref.

The rate of O_2 consumption of isolated rat liver mitochondria was determined polarographically with a Clark electrode at 25 °C in the active (state 3) strong coupled (state 4) and decoupled state of the mitochondria in media containing $H_2{}^{16}O$, $D_2{}^{16}O$ (93 at-% D) or $H_2{}^{18}O$ (68 at-% ^{18}O). The results confirm the magnitude of the D_2O isotope effect in the form of an O_2-consumption inhibition. In $H_2{}^{18}O$ no isotope effect is detected in the state of controlled respiration (state 4). In contrast, a large inverse isotope effect is found in the active state after ADP addition (state 3) and in the decoupled state after DNP addition.
This inverse isotope effect occurs in reactions involving a prior equilibrium. According to the chemiosmotic hypothesis of oxidative phosphorylation the formation of hydronium ions is part of this reaction. The equilibrium constant $k_2 = 0{,}9774$ for the hydronium ion in $H_2{}^{16}O$ and $H_2{}^{18}O$

$$H_3{}^{18}O^+ + H_2{}^{16}O \overset{k_2}{\rightleftharpoons} H_3{}^{16}O^+ + H_2{}^{18}O$$

implies that the formation of the hydronium ion in $H_2{}^{18}O$ is preferred to that in $H_2{}^{16}O$. The high inverse $H_2{}^{18}O$ isotope effect in state 3 respiration

Статьи

И. Маасс, Г. Вайзе

Исследования по региональному распространнению вредных веществ с помощью техногенных вариаций изотопов

Isotopenpraxis **17** (1981) вып. 4, стр. 156 до 159
3 рис., 1 табл., 5 лит.

При сгорании амониака для производства азотной кислоты и следующей абсорбции нитрозных газов появляются изотопные эффекты азота в отдельных ступенях производственного процесса, приводящие к значительной убыли нуклида азота-15 в неабсорбционных остаточных газах. Растения, исследованные по содержанию нуклида ^{15}N в среде азотнокислой установки однако не подходили для индикатора на эмиссии окислов азота. Незначительное количество эмиссионных окислов азота, содержимое в дождевой воде оказалось недостаточным для того, чтобы вызвать знаменательное отступление содержания ^{15}N в использованных растениях. Изотопные измерения на азоте нитрата дождевой воды показали, что обнаруженный эффект „wash-out" согласуется с известной формулой оценки, и что наибольшая масса нитрата в дождевой воде происходит не из азотнокислых установок, а из других источников.

Х. Шютце, М. Моньке

Исследование диффузии изотопических видов метана

Isotopenpraxis **17** (1981) вып. 4, стр. 159 до 163
5 рис., 3 табл., 9 лит.

Процессы диффузии в природе играют очень большую роль. Они сопровождаются процессами миграции и аккумуляции природного газа. Перенос газа в вертикальном направлении вызывает разделение изотопов во вторичной миграции. Для расчетного определения разделения изотопов нужно иметь значения изотопического эффекта в зависимости от температуры и давления. Мы рассматривали эффекты диффузии в системе $CH_4/CD_4/^{13}CH_4 \rightarrow N_2$ с помощью капилярной колонны.

П. Хартинг

Термодинамический изотопический эффект по углероду в системе CH_4-H_2O. III.

Isotopenpraxis **17** (1981) вып. 4, стр. 164 до 167
5 рис., 1 табл., 14 лит.

Как продолжение работ [1] и [2] автор докладывает о влиянии растворенных солей на изотопный эффект углерода при растворении метана в воде. Исследования были проведены при таких условиях давления, температуры и концентрации солей соответствующих осадочной зоне земной коры.
Не смотря на известную сильную зависимость растворении газов от содержания солей водянистого раствора не обнаруживали доказуемых изотопных эффектов.

Г. Хюбнер

Воздействие тяжелой воды на изолированную митохондрию печени крыс

Isotopenpraxis **17** (1981) вып. 4, стр. 167 до 170
3 рис., 2 табл., 15 лит.

Определилась скорость расхода O_2 изолированной митохондрией печени крыс поларографически с помощью электрода *Кларка* при температуре 25 °C в строго сопряженном и развязанном состоянии (состояние 3) митохондрии в средах, содержавших $H_2{}^{16}O$ $D_2{}^{16}O$ (93 ат-% D) или $H_2{}^{18}O$ (68 ат-% ^{18}O). Результаты подтвердили величину изотопного эффекта по H/O в виде подавления расхода O_2. В $H_2{}^{18}O$, в состоянии контролированной респирации (состояние 4) изотопического эффекта установить нельзя. Однако, в активном состоянии после подачи АДП (состояние 3) и в развязанном состоянии после подачи ДНП обнаруживается сильный обратный изотопический эффект. Данный обратный изотопический эффект возникает в связи с реакциями, обуславливающими предыдущее состояние равновесия. В соответствии с химоосмотическим гипотезом окисляющего фосфорилирования, образование ионов гидрона является частью данной реакции. Константа равновесия $\kappa^2 = 0{,}9774$ иона гидрона в $H_2{}^{16}O$ и в $H_2{}^{18}O$

$$H_3{}^{18}O^+ + H_2{}^{16}O \overset{K_2}{\rightleftharpoons} H_3{}^{16}O^+ + H_2{}^{18}O$$

обуславливает, что образование иона гидрона в $H_2{}^{18}O$ предпочитается образованию в $H_2{}^{16}O$. Высокий обратный изотопический эффект по $H_2{}^{18}O$ в респирации (состояние 3) показывает, что образование

shows that the formation of H_3O^+ contributes to the vectorial proton transport, probably as a prior equilibrium, and that in the active state of the respiratory chain this reaction may be a rate-determining step.

H. Sprinz, E. Winkler, H. Schäfer

NMR Experiments on Ion Permeation in Irradiated Model Membranes (*in English*)

Isotopenpraxis **17** (1981) No. 4, p. 171 to 173
6 Fig., – Tab., 10 Ref.

In aqueous solutions of sonicated egg-lecithin vesicles (5 weight-%) the ^1H-NMR parameters line width, area, and chemical shift of the signal of the $(CH_3)_3N^+$ group were determined in dependence on the dose of gamma radiation (0 ... 12 kGy). The application of europium ions made it possible, by means of a line shape analysis, to calculate these parameters for the inside as well as for the outside lipid layer.
With increasing ^{60}Co-radiation dose the line widths increase linearly. The line width for the outside lipid layer increases significantly more rapidly than for the inside layer. This fact allows us to conclude that there exists a preferred radiation damage of the outside lipid layer. The asymmetry may be a consequence of an indirect radiation action mediated by the radicals of the water radiolysis.
From the temporal change of the NMR parameters information can be obtained about the radiation action on transport processes in the vesicles. Beginning at a threshold value (approx. 5 kGy) the permeation of the Eu^{+++} ions to the $(CH_3)_3N^+$ head groups previously not accessible increases significantly.

L. Kaden, B. Lorenz, K. Schmidt, H. Sprinz, M. Wahren

Nitrido Complexes of Technetium(V)

Isotopenpraxis **17** (1981) No. 4, p. 174 to 175
– Fig., – Tab., 8 Ref.

The preparation and characterization of the complexes $TcNCl_2[P(_6CH_5)_3]_2$ (A) $TcNCl_2(PR_2C_6H_5)_3$, where R = CH_3 (B) or C_2H_5 (C) $TcN[(C_2H_5)_2NCS_2]_2$ (D) are reported.
(A) has been synthesized from TcO_4^-, hydrazine dihydrochloride and $P(C_6H_5)_3$ analogously to $ReNCl_2[P(C_6H_5)_3]$; (B), (C) and (D) have been obtained by substitution reactions from A with an excess of $PR_2C_6H^6$ and $Na(C_2H_5)_2NCS_2$ respectively. These complexes are stable substances, they are not hydrolysed by acid.
Their i.r. and ^1H n.m.r. spectra are given.

S. Rummel, B. Bayerl, I. Heine, M. Wahren

Isotope Fractionation Effects in Disproportionation Reactions of Diimide and Hydrazine Derivatives

Isotopenpraxis **17** (1981) No. 5, p. 176 to 178
– Fig., 2 Tab., 8 Ref.

The disproportionation of diimide and hydrazine derivatives leads to a fractionation of nitrogen isotopes in the reaction products in comparison to the reactant. The measurements of the isotopic ratios of nitrogen isotopes were performed in the region of natural abundance. In all cases a relative enrichment of the ^{15}N-isotope in the reaction product with the greater number of degrees of freedom of vibration was observed.

K. Hirschberg, P. Krumbiegel, H. Faust

Fractionation of Nitrogen and Carbon Isotopes by Means of Urea Chromatography

Isotopenpraxis **17** (1981) No. 5, p. 178 to 182
2 Fig., 3 Tab., 39 Ref.

Between aqueous urea solutions and strongly acidic cationite resins of the polystyrene-sulfoacid type, a solid-liquid-phase distribution equilibrium establishes itself accompanied by an isotopic effect of nitrogen and carbon in urea. The $[^{13}C, ^{15}N]$ urea molecules are preferably bound to the exchanger matrix. The elementary separation factors for ^{15}N and ^{13}C enrichment have been determined to be 1·004. Columnar chromatographic separation by Dowex 50 WX8 renders possible preparation of doubly labelled urea.

Information

Isotopenpraxis **17** (1981) No. 4, p. 182 to 184

H_3O^+ делает вклад в транспорт протонов, вероятно в виде предыдущего состояния равновесия, и что в активном состоянии цепи респирации данная реакции может быть определяющей для скорости расхода.

Х. Шприпц, Е. Винклер, Х. Шефер

Эксперименты ЯМР по проникновению ионов в облученных модельных мембранах (*на англ. языке*)

Isotopenpraxis **17** (1981) вып. 4, стр. 171 до 173
6 рис., – табл., 10 лит.

Параметры ^1H-NMR ширина линий, площадь и химическое смещение сигнала группы $N(CH_3)_3^+$ определяются в водных растворах обработанных ультразвуком пузырьков лецитина яиц в зависимости от дозы гамма-излучения (0 ... 12) kGy. Использование европия позволяет с помощью анализа форм линий определить расчетом данные параметры как в отношении внутреннего, так и относительно внешнего липидного слоя.
Ширина линий растет линейно с увеличением дозы излучения по ^{60}Co. При этом, ширина линий внешнего липидного слоя растет значительно быстрее ширины линий внутреннего слоя. Этот факт позволяет делать вывод, что внешний липидный слой подлежит более сильному радиационному повреждению. Асимметрия может быть последствие вызванного радикалами радиолиза воды радиационного эффекта. Из временного изменения параметров М можно получить информацию о воздействии излучения на процессы транспорта в пузырьках. Начиная с порогового значения (ок. 5 kGy) проникновение ионов Eu^{+++} к головным группам $N(CH_3)_3^+$, которые прежде не были доступными, увеличивается существенно.

Л. Кадень, Б. Лоренц, К. Шмидт, Х. Шприщ, М. Варень

Нитридо-комплексные соединения технеция

Isotopenpraxis **17** (1981) вып. 4, стр. 174 до 175
– рис., табл., – 8 лит.

Следующие комплексные соединения технеция V получались и характерисовались:

$TcNCl_2[P(C_6H_5)_3]_2$ (A), $TcNCl_2(PR_2C_6H_5)_3$ (R = CH_3; C_2H_5) (B), (C) и $TcN[(C_2H_5)_2NCS_2]_2$ (D)

Приготовление от A следовало аналогично приготовлению комплексного соединения рения.
B, C и D получались при имощи замещения с излишным фосфином или дитиокарбаматом. Все новые соединения не гидролизуют при действии кислот.
ИК- и ЯМР-спектры этих соединений обсуждаются.

С. Руммель, Б. Байерль, И. Хайне, М. Варень

Эффекты фракционирования изотопов в реакциях диспропорционирования производных димида и гидразина

Isotopenpraxis **17** (1981) вып. 4, стр. 176 до 178
– рис., 2 табл., 8 лит.

В диспропорционировании производных димида и гидразина следует фракционирование изотопов азота в продуктах реакций по сравнению с реактантом. Определение изотопного соотношения было проводено в диапазоне природного содержания изотопов азота. Было найдено, что во всех случаях происходит обогащение изотопа ^{15}N в продуктах реакции с большими числами степеней свободы колебании.

К. Хиршберг, П. Крумбигель, Х. Фауст

Фракционирование изотопов азота и углерода методом хроматографии мочевины

Isotopenpraxis **17** (1981) вып. 4, стр. 178 до 182
2 рис., 3 табл., 39 лит.

Между водными растворами мочевины и сильнокислотными катионитными смолами типа полистирольных сульфокислот устанавливается равновесие распределения твердых и жидких фаз с изотопическим эффектом азота и углерода в мочевине. Молекулы мочевины по $[^{13}C, ^{15}N]$ предпочтительно связываются матрицей обменника. Элементарные коэффициенты разделения относительно обогащения по ^{15}N и ^{13}C определяются величиной 1,004. Колонно-хроматографическое разделение с помощью Доуэкс 50 WX8 делает возможным получение двумеченой мочевины.

Новости

Isotopenpraxis **17** (1981) вып. 4, стр. 182 до 184

(Fortsetzung des Inhaltsverzeichnisses)

wicht involvieren, auf. Entsprechend der chemoosmotischen Hypothese von der oxydativen Phosphorylierung ist die Bildung von Hydronium-Ionen Teil dieser Reaktion. Die Gleichgewichtskonstante $k_2 = 0{,}9774$ für das Hydronium-Ion in $H_2{}^{16}O$ und in $H_2{}^{18}O$

$$H_3{}^{18}O^+ + H_2{}^{16}O \overset{k_2}{\rightleftharpoons} H_3{}^{16}O^+ + H_2{}^{18}O$$

impliziert, daß die Bildung eines Hydronium-Ions in $H_2{}^{18}O$ gegenüber der in $H_2{}^{16}O$ bevorzugt vor sich geht. Der hohe inverse $H_2{}^{18}O$-Isotopieeffekt bei der Respiration (Zustand 3) zeigt, daß die Bildung von H_3O^+ zum vektoriellen Protonentransport, wahrscheinlich als voraufgehendes Gleichgewicht, beiträgt und daß im aktiven Zustand der Respirationskette diese Reaktion bestimmend für die Rate sein kann.

H. Sprinz, E. Winkler, H. Schäfer

NMR-Experimente zur Ionendurchdringung in bestrahlten Modell-Membranen (*in Englisch*)

Isotopenpraxis **17** (1981) H. 4, S. 171 bis 173
6 Abb., – Tab., 10 Lit.

Die ^1H-NMR-Parameter Linienbreite, Fläche und chemische Verschiebung des Signals der $(CH_3)_3N^+$-Gruppe wurden in Abhängigkeit von der Gamma-Strahlungsdosis (0 ... 12 kGy) in wäßrigen Lösungen von ultraschall-behandelten Ei-Lecithin-Bläschen ermittelt. Die Anwendung von Europium macht es möglich, mit Hilfe der Analyse der Linienform diese Parameter sowohl für die innere als auch für die äußere Lipidschicht zu berechnen.
Die Linienbreite wächst linear mit wachsender ^{60}Co-Strahlungsdosis. Dabei wächst die Linienbreite bei der äußeren Lipidschicht wesentlich schneller als die der inneren Schicht. Diese Tatsache erlaubt die Schlußfolgerung, daß die äußere Lipidschicht einer stärkeren Strahlungsschädigung unterliegt. Die Asymmetrie kann die Folge einer durch die Radikalen der Wasserradiolyse hervorgerufenen Strahlungswirkung sein. Aus der zeitweiligen Veränderung der NMR-Parameter können Hinweise über die Strahlungsauswirkung auf die Transportprozesse in den Bläschen erhalten werden. Beginnend mit dem Schwellwert (ca. 5 kGy) verstärkt sich die Durchdringung der Eu^{+++}-Ionen zu den $(CH_3)_3N^+$-Vorgruppen, die vorher nicht zugänglich waren, wesentlich.

L. Kaden, B. Lorenz, K. Schmidt, H. Sprinz, M. Wahren

Nitridokomplexe des Technetium(V)

Isotopenpraxis **17** (1981) H. 4, S. 174 bis 175
– Abb., – Tab., 8 Lit.

Folgende Komplexe des Tc(V) wurden dargestellt und charakterisiert: $TcNCl_2[P(C_6H_5)_3]_2$ (A); $TcNCl_2(PR_2C_6H_5)_3$ (B, C) mit $R = CH_3$ bzw. C_2H_5; $TcN[(C_2H_5)_2NCS_2]_2$ (D). Die Darstellung von (A) erfolgt analog der des entsprechenden Re-Komplexes; (B), (C) und (D) wurden durch Reaktion von (A) mit überschüssigem $PR_2C_6H_5$ bzw. $Na(C_2H_5)NCS_2$ durch Substitutionsreaktionen erhalten.

S. Rummel, B. Bayerl, I. Heine, M. Wahren

Isotopenfraktionierungseffekte in Disproportionierungsreaktionen von Diimin- und Hydrazinderivaten

Isotopenpraxis **17** (1981) H. 4, S. 176 bis 178
– Abb., 2 Tab., 8 Lit.

Bei der Disproportionierung von Diimin- und Hydrazinderivaten kommt es zu einer Fraktionierung der Stickstoffisotope in den Reaktionsprodukten im Vergleich zum Ausgangsprodukt. Untersuchungen im Bereich der natürlichen Häufigkeiten der Stickstoffisotope ergaben stets eine relative Anreicherung des ^{15}N-Isotops im Reaktionsprodukt mit der größeren Anzahl von Schwingungsfreiheitsgraden.

K. Hirschberg, P. Krumbiegel, H. Faust

Isotopenfraktionierung des Stickstoffs und Kohlenstoffs durch Harnstoff-Chromatographie

Isotopenpraxis **17** (1981) H. 4, S. 178 bis 182
2 Abb., 3 Tab., 39 Lit.

Zwischen wäßrigen Harnstofflösungen und stark sauren Kationenaustauscher-Harzen vom Typ der Polystyrolsulfonsäuren stellt sich ein Fest-Flüssitg-Phasenverteilungsgleichgewicht mit einem Isotopieeffekt des Stickstoffs und Kohlenstoffs im Harnstoff ein. Die [^{13}C, ^{15}N]Harnstoff-Moleküle werden bevorzugt an die Austauschermatrix gebunden. Die elementaren Trennfaktoren für die ^{15}N- und für die ^{13}C-Anreicherung werden zu 1,00% bestimmt. Durch säulenchromatographische Trennung an Dowex 50 WX8 wird die präparative Darstellung doppelt markierten Harnstoffs möglich.

Informationen

Isotopenpraxis **17** (1981) H. 4, S. 182 bis 184

Contents of this Issue